全国一级造价工程师职业资格考试辅导用书

造价通关图谱全集

环球网校造价工程师考试研究院 组编

图书在版编目（CIP）数据

造价通关图谱全集/环球网校造价工程师考试研究院组编．—北京：中国石化出版社，2021.6（2021.9重印）
ISBN 978-7-5114-6343-2

Ⅰ．①造… Ⅱ．①环… Ⅲ．①建筑造价管理—资格考试—自学参考资料Ⅳ．①TU723.31

中国版本图书馆CIP数据核字（2021）第105775号

中国石化出版社出版发行
地址：北京市东城区安定门外大街58号
邮编：100011 电话：(010) 57512500
发行部电话：(010) 57512575
http://www.sinopec-press.com
E-mail：press@sinopec.com
三河市中晟雅豪印务有限公司印刷
全国各地新华书店经销
*
787×1092毫米 32开本 8.5印张 105千字
2021年6月第1版 2021年9月第2次印刷
定价：29.00元

目　录

建设工程造价管理

随时随地，在线刷题

扫码加助教领题库软件

工程造价的基本内容

工程造价一词两义

- 投资者：工程造价是指建设一项工程预期开支或实际开支的全部固定资产投资费用
- 市场交易：工程发承包交易活动中形成的建筑安装工程费用或建设工程总费用

计价特征★★

- 单件性：单独计算造价
- 多次性：逐步深入和细化，不断接近实际造价
- 组合性：分部分项工程造价→单位工程造价→单项工程造价→建设项目总造价
- 多样性、复杂性

静态投资与动态投资

- 静态投资：静态投资包括：建筑安装工程费、设备和工器具购置费、工程建设其他费、基本预备费，以及因工程量误差而引起的工程造价增减值等
- 动态投资：包括静态投资外，还包括建设期贷款利息、涨价预备费等
- 关系：动态投资包含静态投资，静态投资是动态投资最主要的组成部分，也是动态投资的计算基础

建设项目总投资与固定资产投资

- 建设项目总投资是指为完成工程项目建设，在建设期（预计或实际）投入的全部费用总和
- 建设项目固定资产投资也就是建设项目工程造价，二者在量上是等同的
- 生产性建设项目总投资包括：固定资产投资和流动资产投资两部分
非生产性建设项目总投资只包括固定资产投资，不含流动资产投资
建设项目总造价是指项目总投资中的固定资产投资总额

工程造价管理的组织和内容

- 全面造价管理★★
  - 全寿命期：建设工程初始建造成本和建成后的日常使用及拆除成本之和，包括策划决策、建设实施、运行维护及拆除回收等各阶段费用
  - 全过程：覆盖建设工程策划决策及建设实施各阶段的造价管理

阶段	造价管理活动
策划决策阶段	项目策划、投资估算、项目经济评价、项目融资方案分析
设计阶段	限额设计、方案比选、概预算编制
招投标阶段	标段划分、发承包模式及合同形式的选择、最高投标限价或标底编制
施工阶段	工程计量与结算、工程变更控制、索赔管理
竣工验收阶段	结算与决算

  - 全要素：核心是按照优先性原则，协调和平衡工期、质量、安全、环保与成本之间的对立统一关系
  - 全方位：建设工程造价管理不仅仅是建设单位或承包单位的任务，而应是政府建设主管部门、行业协会、建设单位、设计单位、施工单位以及有关咨询机构的共同任务
- 基本原则★
  - 以设计阶段为重点的全过程造价管理。工程造价管理的关键在于前期决策和设计阶段，而在项目投资决策后，控制工程造价的关键就在于设计
  - 主动控制与被动控制相结合
  - 技术与经济相结合

造价工程师管理制度

注册

住房城乡建设部、交通运输部、水利部分别负责一级造价工程师注册及相关工作。各省、自治区、直辖市住房城乡建设、交通运输、水利行政主管部门按专业类别分别负责二级造价工程师注册及相关工作

造价工程师执业时应持注册证书和执业印章。注册证书、执业印章样式以及注册证书编号规则由住房城乡建设部会同交通运输部、水利部统一制定。执业印章由注册造价工程师按照统一规定自行制作

执业★★

一级造价工程师执业范围

（1）项目建议书、可行性研究投资估算与审核，项目评价造价分析

（2）建设工程设计概算、施工（图）预算编制和审核

（3）建设工程招标投标文件工程量和造价的编制与审核

（4）建设工程合同价款、结算价款、竣工决算价款的编制与管理

（5）建设工程审计、仲裁、诉讼、保险中的造价鉴定，工程造价纠纷调解

（6）建设工程计价依据、造价指标的编制与管理

（7）与工程造价管理有关的其他事项

义务

（1）建设工程工料分析、计划、组织与成本管理，施工图预算、设计概算编制

（2）建设工程量清单、最高投标限价、投标报价编制

（3）建设工程合同价款、结算价款和竣工决算价款的编制

造价工程师应在本人工程造价咨询成果文件上签章，并承担相应责任

工程造价咨询成果文件应由一级造价工程师审核并加盖执业印章

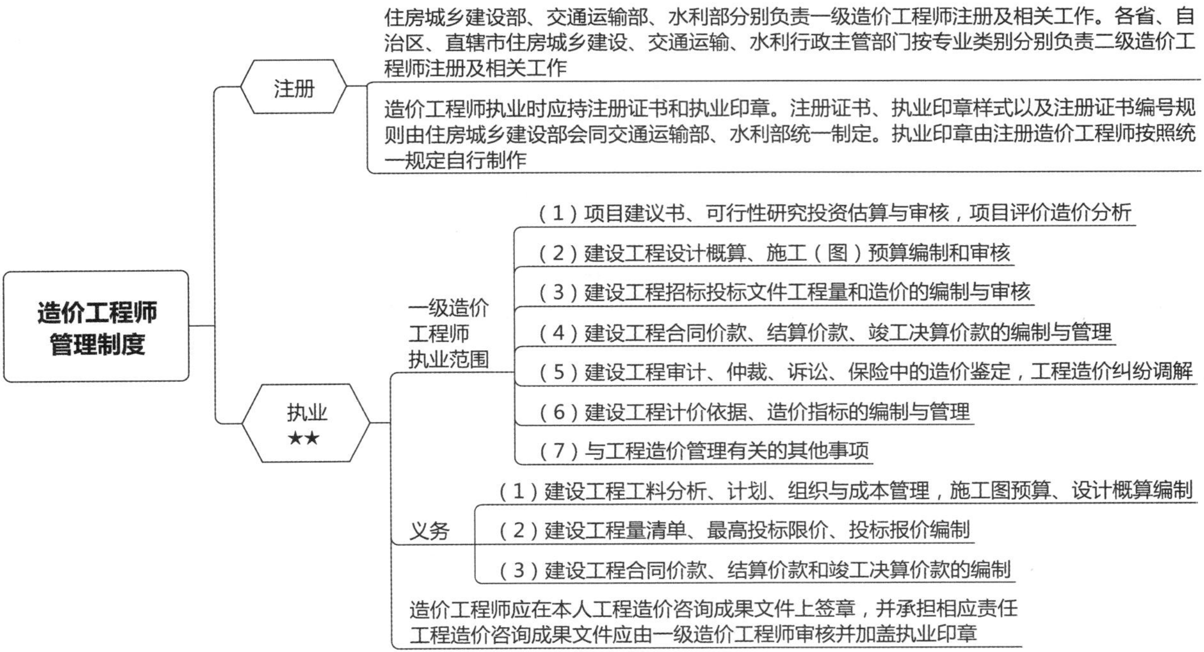

工程造价咨询管理

- 业务承接★★★
  - 工程造价咨询业务范围：
    （1）建设项目建议书及可行性研究投资估算、项目经济评价报告的编制和审核
    （2）建设项目概预算的编制与审核，并配合设计方案比选、优化设计、限额设计等工作进行工程造价分析与控制
    （3）建设项目合同价款的确定(包括招标工程工程量清单和标底、投标报价的编制和审核)；合同价款的签订与调整(包括工程变更、工程洽商和索赔费用的计算)与工程款支付，工程结算、竣工结算和决算报告的编制与审核等
    （4）工程造价经济纠纷的鉴定和仲裁的咨询
    （5）提供工程造价信息服务等
  - 工程造价咨询企业可以对建设项目的组织实施进行全过程或者若干阶段的管理和服务
- 法律责任★
  - 跨省、自治区、直辖市承接业务不备案的，由县级以上地方人民政府住房城乡建设主管部门或者有关专业部门给予警告，责令限期改正；逾期未改正的，可处5000 元以上2 万元以下的罚款
  - 处1万元以上3万元以下罚款的情形：
    （1）同时接受招标人和投标人或两个以上投标人对同一工程项目的工程造价咨询业务
    （2）以给予回扣、恶意压低收费等方式进行不正当竞争
    （3）转包承接的工程造价咨询业务

国内外工程造价管理发展★

在美国，建筑造价指数是一个加权总指数，由构件钢材、波特兰水泥、木材和普通劳动力4种个体指数组成。ENR共编制2种造价指数，一是建筑造价指数，二是房屋造价指数。这两个指数在计算方法上基本相同，区别仅体现在计算总指数中的劳动力要素不同

英国有着一套完整的建设工程标准合同体系，包括JCT合同体系、ACA合同体系、ICE合同体系、皇家政府合同体系。JCT是英国的主要合同体系之一，主要通用于房屋建筑工程

美国建筑师学会（AIA）的合同条件体系更为庞大，分为A、B、C、D、E、F、G 系列。其中：
A 系列是关于业主与施工承包商、CM 承包商、供应商之间，以及总承包商与分包商之间的合同文件
B 系列是关于业主与提供专业服务的建筑师之间的合同文件
C 系列是关于建筑师与提供专业服务的咨询机构之间的合同文件
D 系列是建筑师行业所用的文件
E 系列是合同和办公管理中使用的文件
F 系列是财务管理表格
G 系列是建筑师企业与项目管理中使用的文件

- 建筑法
  - 建筑许可
    - 包括建筑工程施工许可和从业资格两个方面
  - 建筑工程施工许可★★
    - 建设单位应当按照国家有关规定向工程所在地县级以上人民政府建设行政主管部门申请领取施工许可证
    - 3个月内开工，可以延期，两次为限，每次3个月
    - 中止施工：建设单位应当自中止施工之日起1个月内，向发证机关报告
      恢复施工：应当向发证机关报告；中止施工满1年的工程恢复施工前，建设单位应当报发证机关核验施工许可证。批准开工报告的建筑工程，因故不能按期开工或者中止施工的，应当及时向批准机关报告情况

建设工程质量管理条例★★

- 施工图设计文件未经审查批准的，不得使用
- 建设单位在领取施工许可证或者开工报告前，应当按照国家有关规定办理工程质量监督手续
- 建设工程经验收合格的，方可交付使用
- 建设工程竣工验收应当具备的条件
  - （1）完成建设工程设计和合同约定的各项内容
  - （2）有完整的技术档案和施工管理资料
  - （3）有工程使用的主要建筑材料、建筑构配件和设备的进场试验报告
  - （4）有勘察、设计、施工、工程监理等单位分别签署的质量合格文件
  - （5）有施工单位签署的工程保修书
- 建设工程的保修期，自竣工验收合格之日起计算
  在正常使用条件下，建设工程最低保修期限为：
  ①基础设施工程、房屋建筑的地基基础工程和主体结构工程，为设计文件规定的该工程合理使用年限
  ②屋面防水工程、有防水要求的卫生间、房间和外墙面的防渗漏，为5年
  ③供热与供冷系统，为2个采暖期、供冷期；④电气管道、给排水管道、设备安装和装修工程，为2年
- 建设单位应当自建设工程竣工验收合格之日起15日内，将建设工程竣工验收报告和规划、公安消防、环保等部门出具的认可文件或者准许使用文件报建设行政主管部门或者其他有关部门备案

建设工程安全生产管理条例（一）★★★

建设单位在编制工程概算时，应当确定建设工程安全作业环境及安全施工措施所需费用；在申请领取施工许可证时，应当提供建设工程有关安全施工措施的资料

依法批准开工报告的建设工程，建设单位应当自开工报告批准之日起15日内，将保证安全施工的措施报送建设工程所在地的县级以上地方人民政府建设行政主管部门或者其他有关部门备案

（1）施工单位主要负责人依法对本单位的安全生产工作全面负责
（2）建设工程实行施工总承包的，由总承包单位对施工现场的安全生产负总责
（3）总承包单位和分包单位对分包工程的安全生产承担连带责任
（4）分包单位应当服从总承包单位的安全生产管理，如分包单位不服从管理导致生产安全事故，由分包单位承担主要责任

施工单位对列入建设工程概算的安全作业环境及安全施工措施所需费用，应当用于施工安全防护用具及设施采购和更新、安全施工措施的落实、安全生产条件的改善，不得挪作他用

建设工程安全生产管理条例（二）★★★

施工单位的主要负责人、项目负责人、专职安全生产管理人员应当经建设行政主管部门或者其他有关部门考核合格后方可任职。安全生产教育培训考核不合格的人员，不得上岗。垂直运输机械作业人员、安装拆卸工、爆破作业人员、起重信号工、登高架设作业人员等特种作业人员，必须按照国家有关规定经过专门的安全作业培训，并取得特种作业操作资格证书后，方可上岗作业

对下列达到一定规模的危险性较大的分部分项工程编制专项施工方案，并附具安全验算结果，经施工单位技术负责人、总监理工程师签字后实施，由专职安全生产管理人员进行现场监督：

（1）基坑支护与降水工程
（2）土方开挖工程
（3）模板工程
（4）起重吊装工程
（5）脚手架工程
（6）拆除、爆破工程
（7）国务院建设行政主管部门或者其他有关部门规定的其他危险性较大的工程

上述所列工程中涉及深基坑、地下暗挖工程、高大模板工程的专项施工方案，施工单位还应当组织专家进行论证、审查

环球网校
移动学习 职达未来 hqwx.com

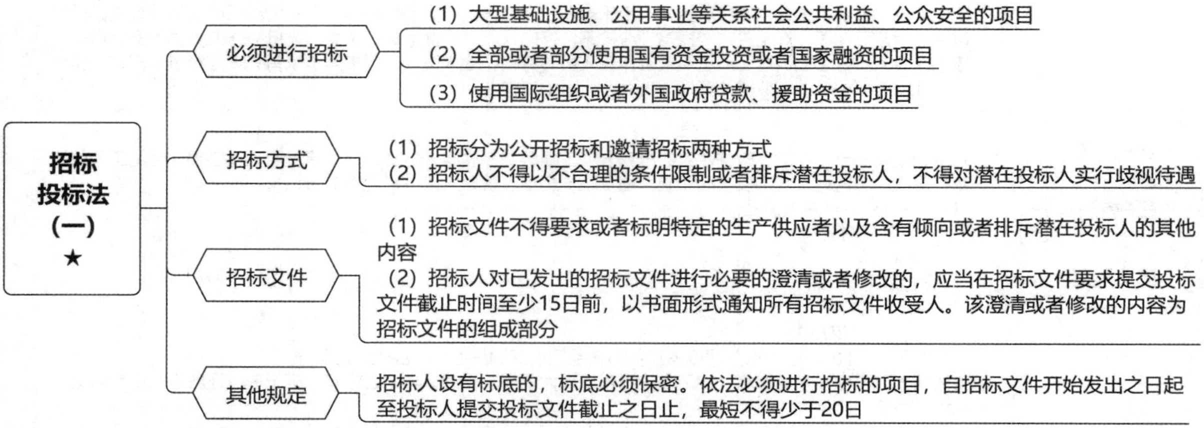
招标投标法（一）★
必须进行招标
（1）大型基础设施、公用事业等关系社会公共利益、公众安全的项目
（2）全部或者部分使用国有资金投资或者国家融资的项目
（3）使用国际组织或者外国政府贷款、援助资金的项目
招标方式
（1）招标分为公开招标和邀请招标两种方式
（2）招标人不得以不合理的条件限制或者排斥潜在投标人，不得对潜在投标人实行歧视待遇
招标文件
（1）招标文件不得要求或者标明特定的生产供应者以及含有倾向或者排斥潜在投标人的其他内容
（2）招标人对已发出的招标文件进行必要的澄清或者修改的，应当在招标文件要求提交投标文件截止时间至少15日前，以书面形式通知所有招标文件收受人。该澄清或者修改的内容为招标文件的组成部分
其他规定
招标人设有标底的，标底必须保密。依法必须进行招标的项目，自招标文件开始发出之日起至投标人提交投标文件截止之日止，最短不得少于20日

招标投标法（二）★

- 投标文件
  - （1）投标文件的内容。投标文件应当对招标文件提出的实质性要求和条件作出响应
（2）根据招标文件载明的项目实际情况，投标人如果准备在中标后将中标项目的部分非主体、非关键工程进行分包的，应当在投标文件中载明。在招标文件要求提交投标文件的截止时间前，投标人可以补充、修改或者撤回已提交的投标文件，并书面通知招标人。补充、修改的内容为投标文件的组成部分
  - （1）投标文件的送达。投标人应当在招标文件要求提交投标文件的截止时间前，将投标文件送达投标地点
（2）招标人收到投标文件后，应当签收保存，不得开启。投标人少于3个的，招标人应当依照《招标投标法》重新招标。在招标文件要求提交投标文件的截止时间后送达的投标文件，招标人应当拒收
- 联合投标
  - 两个以上法人或者其他组织可以组成一个联合体，以一个投标人的身份共同投标。由同一专业的单位组成的联合体，按照资质等级较低的单位确定资质等级。联合体各方应当签订共同投标协议，并将共同投标协议连同投标文件一并提交给招标人。联合体中标的，联合体各方应当共同与招标人签订合同，就中标项目向招标人承担连带责任

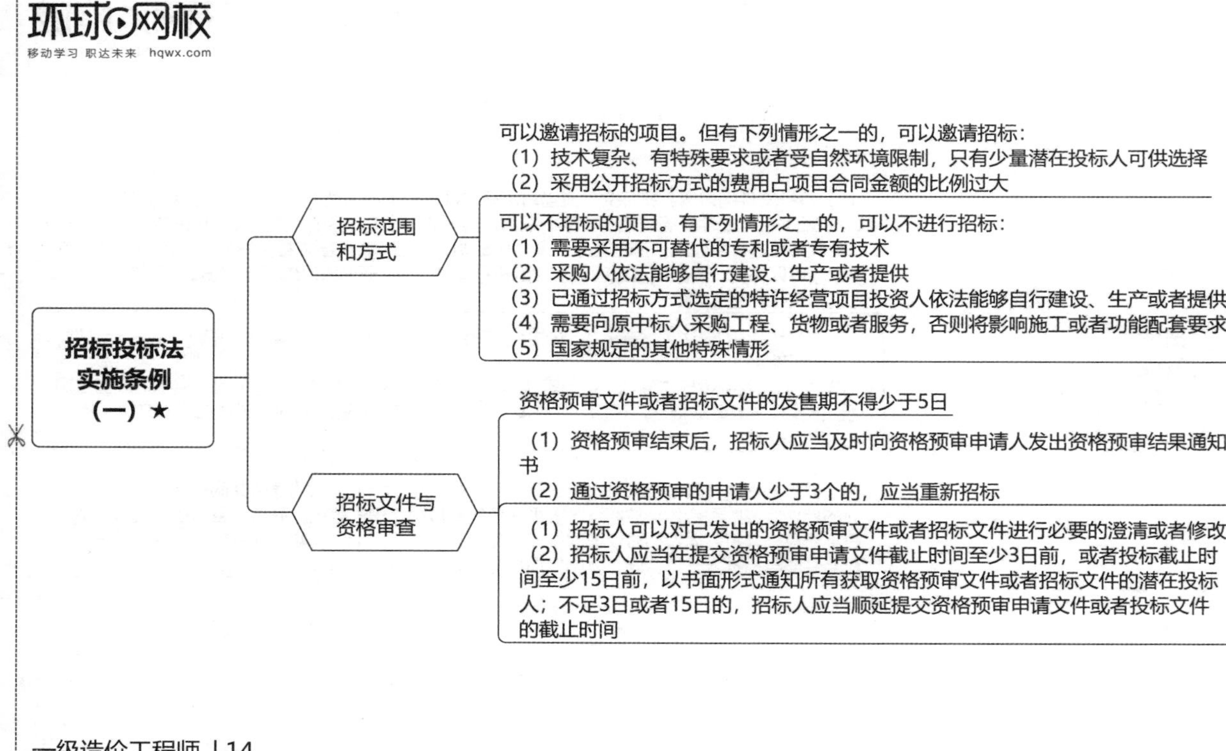

环球网校
移动学习 职达未来 hqwx.com
招标投标法实施条例（一）★
招标范围和方式
可以邀请招标的项目。但有下列情形之一的，可以邀请招标：
（1）技术复杂、有特殊要求或者受自然环境限制，只有少量潜在投标人可供选择
（2）采用公开招标方式的费用占项目合同金额的比例过大
可以不招标的项目。有下列情形之一的，可以不进行招标：
（1）需要采用不可替代的专利或者专有技术
（2）采购人依法能够自行建设、生产或者提供
（3）已通过招标方式选定的特许经营项目投资人依法能够自行建设、生产或者提供
（4）需要向原中标人采购工程、货物或者服务，否则将影响施工或者功能配套要求
（5）国家规定的其他特殊情形
招标文件与资格审查
资格预审文件或者招标文件的发售期不得少于5日
（1）资格预审结束后，招标人应当及时向资格预审申请人发出资格预审结果通知书
（2）通过资格预审的申请人少于3个的，应当重新招标
（1）招标人可以对已发出的资格预审文件或者招标文件进行必要的澄清或者修改
（2）招标人应当在提交资格预审申请文件截止时间至少3日前，或者投标截止时间至少15日前，以书面形式通知所有获取资格预审文件或者招标文件的潜在投标人；不足3日或者15日的，招标人应当顺延提交资格预审申请文件或者投标文件的截止时间

招标投标法实施条例（二）

招标工作实施★★

招标人有下列行为之一的，属于以不合理条件限制、排斥潜在投标人或者投标人：
1）就同一招标项目向潜在投标人或者投标人提供有差别的项目信息
2）设定的资格、技术、商务条件与招标项目的具体特点和实际需要不相适应或者与合同履行无关
3）依法必须进行招标的项目以特定行政区域或者特定行业的业绩、奖项作为加分条件或者中标条件
4）对潜在投标人或者投标人采取不同的资格审查或者评标标准
5）限定或者指定特定的专利、商标、品牌、原产地或者供应商
6）依法必须进行招标的项目非法限定潜在投标人或者投标人的所有制形式或者组织形式
7）以其他不合理条件限制、排斥潜在投标人或者投标人，招标人不得组织单个或者部分潜在投标人踏勘项目现场

对技术复杂或者无法精确拟定技术规格的项目，招标人可以分两阶段进行招标：
第一阶段，投标人按照要求提交不带报价的技术建议，招标人根据投标人提交的技术建议确定技术标准和要求，编制招标文件
第二阶段，招标人向在第一阶段提交技术建议的投标人提供招标文件，投标人按照要求提交包括最终技术方案和投标报价的投标文件。如招标人要求投标人提交投标保证金，应当在第二阶段提出

投标有效期：招标人应当在招标文件中载明投标有效期。投标有效期从提交投标文件的截止之日起算

投标保证金：如招标人在招标文件中要求投标人提交投标保证金，投标保证金不得超过招标项目估算价的2%。投标保证金有效期应当与投标有效期一致

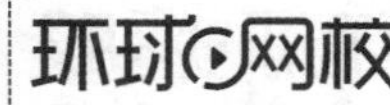

招标投标法实施条例（三）★

- 投标规定
  - 投标人撤回已提交的投标文件，应当在投标截止时间前书面通知招标人。招标人已收取投标保证金的，应当自收到投标人书面撤回通知之日起5日内退还。投标截止后投标人撤销投标文件的，招标人可以不退还投标保证金。未通过资格预审的申请人提交的投标文件，以及逾期送达或者不按照招标文件要求密封的投标文件，招标人应当拒收。招标人应当如实记载投标文件的送达时间和密封情况，并存档备查
  - 招标人接受联合体投标并进行资格预审的，联合体应当在提交资格预审申请文件前组成。资格预审后联合体增减、更换成员的，其投标无效。如联合体各方在同一招标项目中以自己名义单独投标或者参加其他联合体投标，相关投标均无效
- 属于串通投标
  - （1）投标人之间协商投标报价等投标文件的实质性内容
  - （2）投标人之间约定中标人
  - （3）投标人之间约定部分投标人放弃投标或者中标
  - （4）属于同一集团、协会、商会等组织成员的投标人按照该组织要求协同投标
  - （5）投标人之间为谋取中标或者排斥特定投标人而采取的其他联合行动
- 视为串通投标
  - （1）不同投标人的投标文件由同一单位或者个人编制
  - （2）不同投标人委托同一单位或者个人办理投标事宜
  - （3）不同投标人的投标文件载明的项目管理成员为同一人
  - （4）不同投标人的投标文件异常一致或者投标报价呈规律性差异
  - （5）不同投标人的投标文件相互混装
  - （6）不同投标人的投标保证金从同一单位或者个人的账户转出

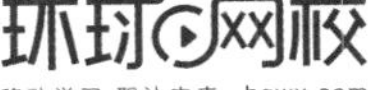

政府采购法及其实施条例★

- 政府采购法
  - 采购人采购纳人集中采购目录的政府采购项目，必须委托集中采购机构代理采购；采购未纳人集中采购目录的政府采购项目，可以自行采购
  - 政府采购可采用的方式有：公开招标、邀请招标、竞争性谈判、单一来源采购、询价
    符合下列情形之一的货物或服务，可以采用单一来源方式采购：
    （1）只能从唯一供应商处采购的
    （2）发生不可预见的紧急情况，不能从其他供应商处采购的
    （3）必须保证原有采购项目一致性或服务配套的要求，需要继续从原供应商处添购，且添购资金总额不超过原合同采购金额 10% 的
  - 政府采购合同应当采用书面形式
    所有补充合同的采购金额不得超过原合同采购金额的 10%
- 政府采购其实施条例
  - 政府采购招标评标方法分为最低评标价法和综合评分法
  - 政府采购合同履约保证金的数额不得超过政府采购合同金额的 10%

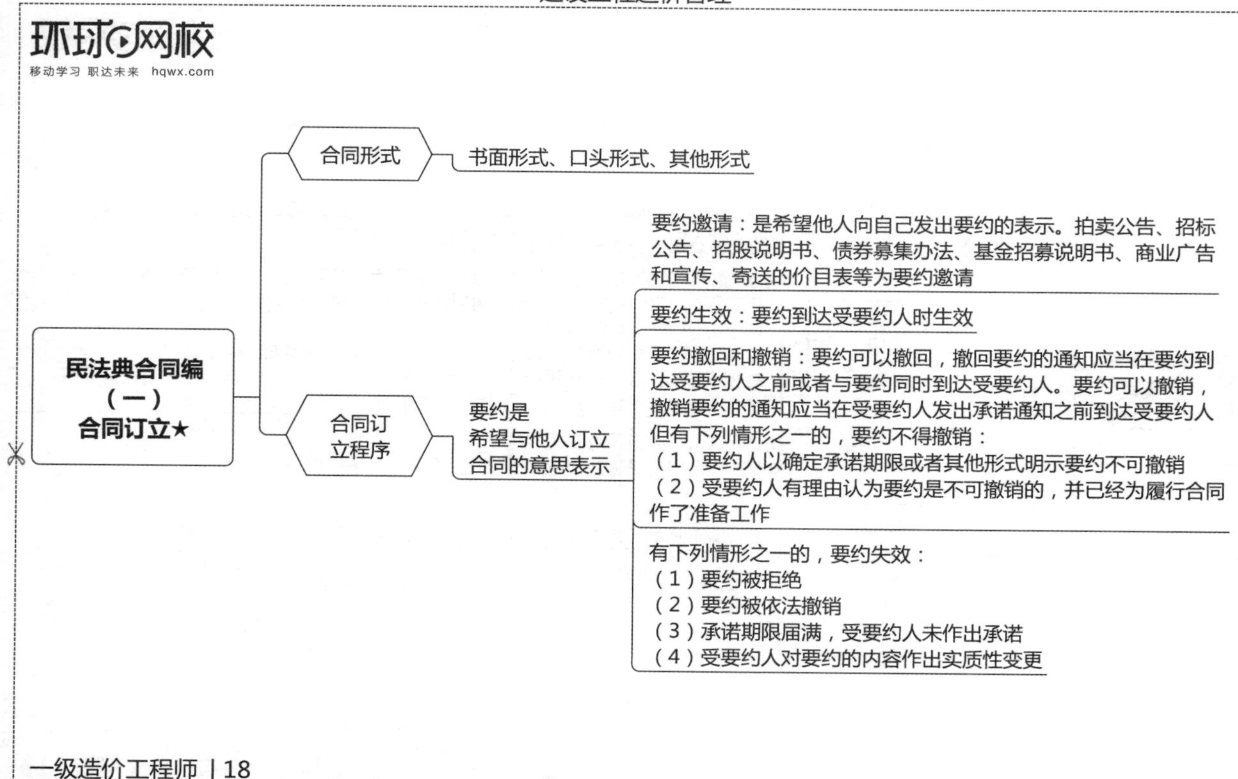
环球网校
移动学习 职达未来 hqwx.com
民法典合同编（一）合同订立★
合同形式
书面形式、口头形式、其他形式
合同订立程序
要约是希望与他人订立合同的意思表示
要约邀请：是希望他人向自己发出要约的表示。拍卖公告、招标公告、招股说明书、债券募集办法、基金招募说明书、商业广告和宣传、寄送的价目表等为要约邀请
要约生效：要约到达受要约人时生效
要约撤回和撤销：要约可以撤回，撤回要约的通知应当在要约到达受要约人之前或者与要约同时到达受要约人。要约可以撤销，撤销要约的通知应当在受要约人发出承诺通知之前到达受要约人
但有下列情形之一的，要约不得撤销：
（1）要约人以确定承诺期限或者其他形式明示要约不可撤销
（2）受要约人有理由认为要约是不可撤销的，并已经为履行合同作了准备工作
有下列情形之一的，要约失效：
（1）要约被拒绝
（2）要约被依法撤销
（3）承诺期限届满，受要约人未作出承诺
（4）受要约人对要约的内容作出实质性变更

民法典合同编（二）合同订立★

- 合同订立程序
  - 承诺是受要约人同意要约的意思表示
    - 承诺期限：承诺应当在要约确定的期限内到达要约人
    - 承诺生效：承诺通知到达要约人时生效
    - 承诺撤回：承诺可以撤回，撤回承诺的通知应当在承诺通知到达要约人之前或者与承诺通知同时到达要约人
    - 逾期承诺：受要约人超过承诺期限发出承诺，或者在承诺期限内发出承诺，按照通常情形不能及时到达要约人的，为新要约。但是，要约人及时通知受要约人该承诺有效的除外
- 合同成立
  - 承诺生效时合同成立，但是法律另有规定或者当事人另有约定的除外
- 格式条款
  - 《民法典》合同编规定的无效合同情形，同样适用于格式合同条款
- 缔约过失责任
  - 缔约过失责任发生于合同不成立或者合同无效的缔约过程
  - 其构成条件：一是当事人有过错。若无过错，则不承担责任。二是有损害后果的发生。若无损失，亦不承担责任。三是当事人的过错行为与造成的损失有因果关系

民法典合同编（三）★

- 合同效力
  - 合同生效，是指合同产生法律效力，具有法律约束力
  - 无权代理人代订合同
  - 合同有下列情形之一的，合同无效：
    （1）造成对方人身损害的
    （2）因故意或者重大过失造成对方财产损失的
- 合同履行
  - 合同履行原则包括全面履行和诚信原则
  - 合同履行的一般规则：①质量要求不明确的；②价款或者报酬不明确的；③履行地点不明确；④履行期限不明确的；⑤履行方式不明确的，按照有利于实现合同目的的方式履行；⑥履行费用的负担不明确的
  - 合同履行的特殊规则：①电子合同履；②价格调整；③债务履行；④代为履行；⑤抗辩权；⑥提前履行；⑦部分履行；⑧相关事项变更后的处置
- 合同保全
  （1）代位权
  （2）撤销权

民法典合同编（四）★

- 合同变更和转让
  - 合同变更：是指对已经依法成立的合同，在承认其法律效力的前提下，对其进行修改或补充
  - 合同转让：①债权转让；②抗辩与抵销；③债务转让；④债务转移；⑤债权债务一并让
- 合同权利义务终止
  - 合同权利义务终止的情形：①合同终止条件；②债务履行；③合同解除；④合同债务抵消；⑤标的物提存
- 违约责任
  - 违约责任有以下主要特点:
    （1）违约责任以有效合同为前提
    （2）违约责任以违反合同义务为要件
    （3）违约责任可由当事人在法定范围内约定
    （4）违约责任是一种民事赔偿责任
  - 承担方式：①继续履行；②采取补救措施；③赔偿损失；④支付违约；⑤定金

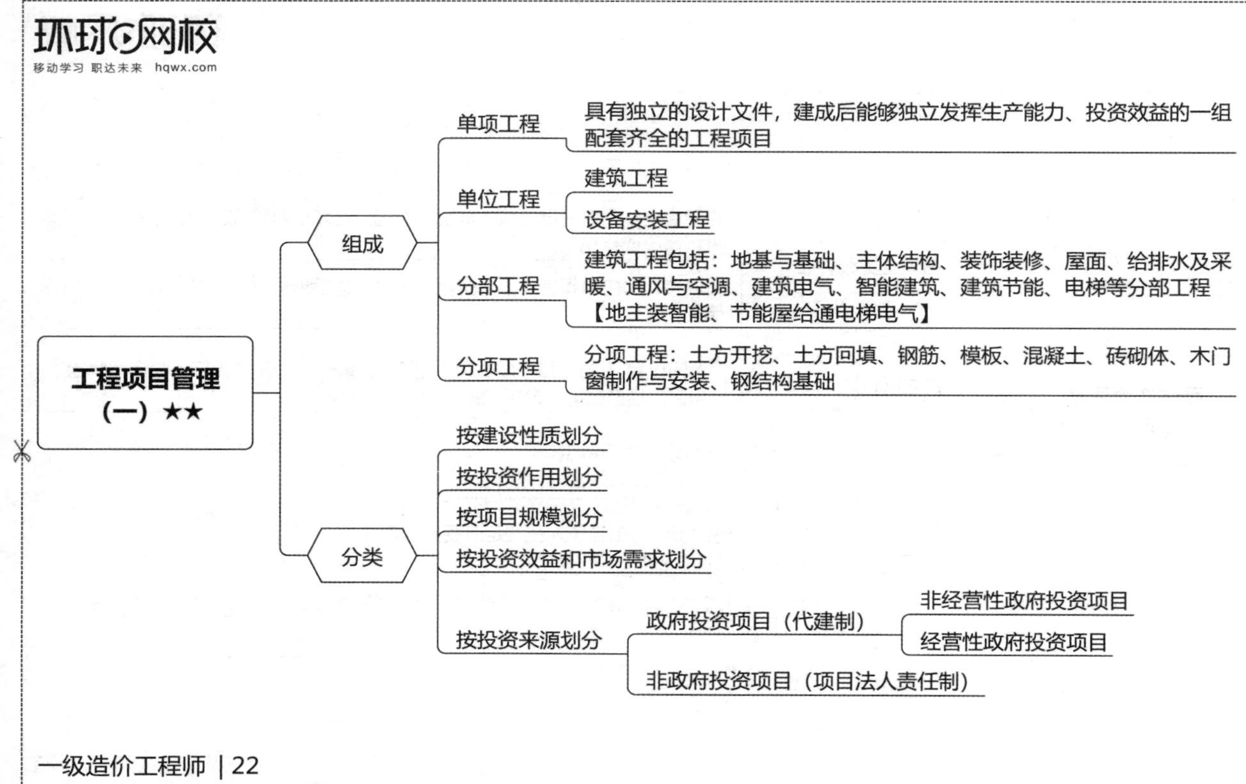
环球网校
移动学习 职达未来 hqwx.com
工程项目管理（一）★★
组成
单项工程
具有独立的设计文件，建成后能够独立发挥生产能力、投资效益的一组配套齐全的工程项目
单位工程
建筑工程
设备安装工程
分部工程
建筑工程包括：地基与基础、主体结构、装饰装修、屋面、给排水及采暖、通风与空调、建筑电气、智能建筑、建筑节能、电梯等分部工程【地主装智能、节能屋给通电梯电气】
分项工程
分项工程：土方开挖、土方回填、钢筋、模板、混凝土、砖砌体、木门窗制作与安装、钢结构基础
分类
按建设性质划分
按投资作用划分
按项目规模划分
按投资效益和市场需求划分
按投资来源划分
政府投资项目（代建制）
非经营性政府投资项目
经营性政府投资项目
非政府投资项目（项目法人责任制）

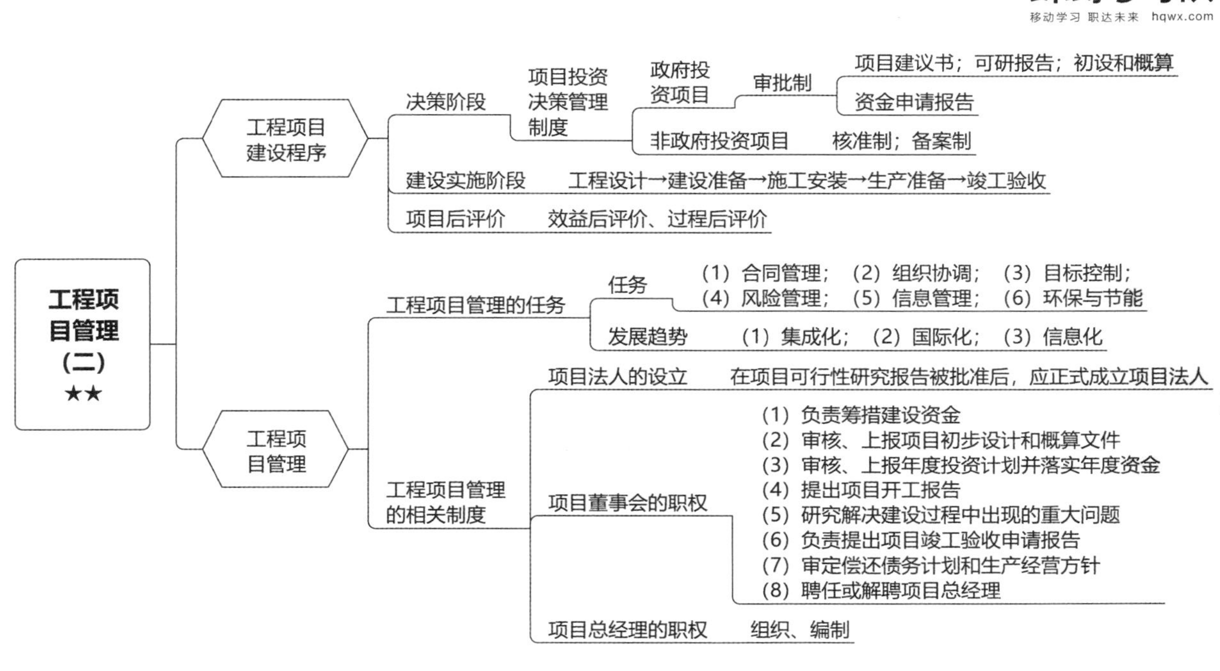

环球网校
移动学习 职达未来 hqwx.com
工程项目管理（二）★★
工程项目建设程序
决策阶段
项目投资决策管理制度
政府投资项目
审批制
项目建议书；可研报告；初设和概算
资金申请报告
非政府投资项目
核准制；备案制
建设实施阶段
工程设计→建设准备→施工安装→生产准备→竣工验收
项目后评价
效益后评价、过程后评价
工程项目管理
工程项目管理的任务
任务
（1）合同管理；（2）组织协调；（3）目标控制；
（4）风险管理；（5）信息管理；（6）环保与节能
发展趋势
（1）集成化；（2）国际化；（3）信息化
工程项目管理的相关制度
项目法人的设立
在项目可行性研究报告被批准后，应正式成立项目法人
项目董事会的职权
（1）负责筹措建设资金
（2）审核、上报项目初步设计和概算文件
（3）审核、上报年度投资计划并落实年度资金
（4）提出项目开工报告
（5）研究解决建设过程中出现的重大问题
（6）负责提出项目竣工验收申请报告
（7）审定偿还债务计划和生产经营方针
（8）聘任或解聘项目总经理
项目总经理的职权
组织、编制

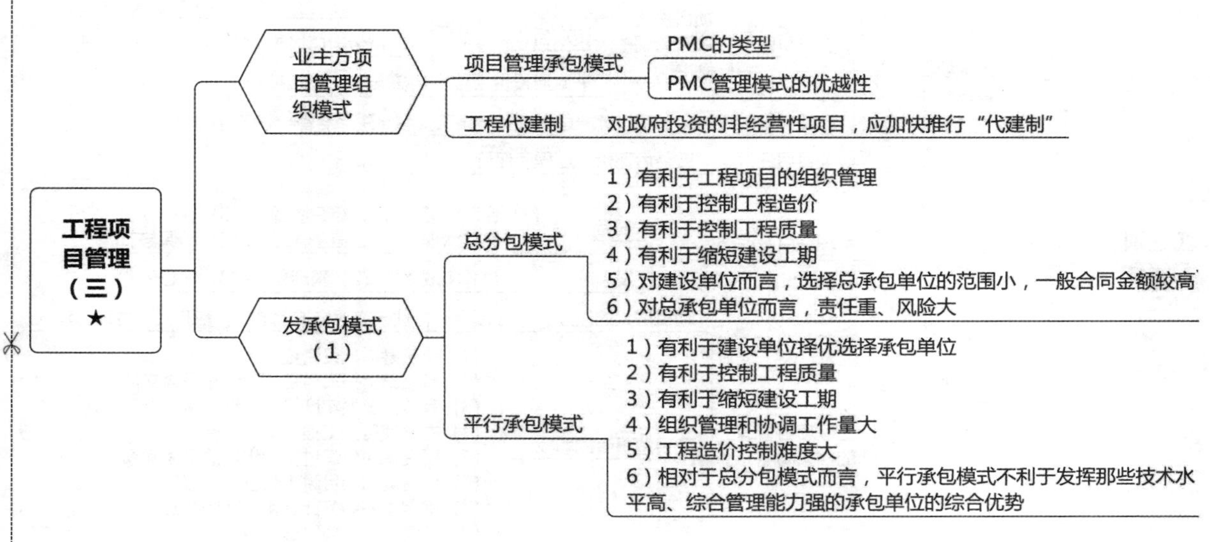
环球网校
移动学习 职达未来 hqwx.com
工程项目管理（三）★
业主方项目管理组织模式
项目管理承包模式
PMC的类型
PMC管理模式的优越性
工程代建制
对政府投资的非经营性项目，应加快推行“代建制”
发承包模式（1）
总分包模式
1）有利于工程项目的组织管理
2）有利于控制工程造价
3）有利于控制工程质量
4）有利于缩短建设工期
5）对建设单位而言，选择总承包单位的范围小，一般合同金额较高
6）对总承包单位而言，责任重、风险大
平行承包模式
1）有利于建设单位择优选择承包单位
2）有利于控制工程质量
3）有利于缩短建设工期
4）组织管理和协调工作量大
5）工程造价控制难度大
6）相对于总分包模式而言，平行承包模式不利于发挥那些技术水平高、综合管理能力强的承包单位的综合优势

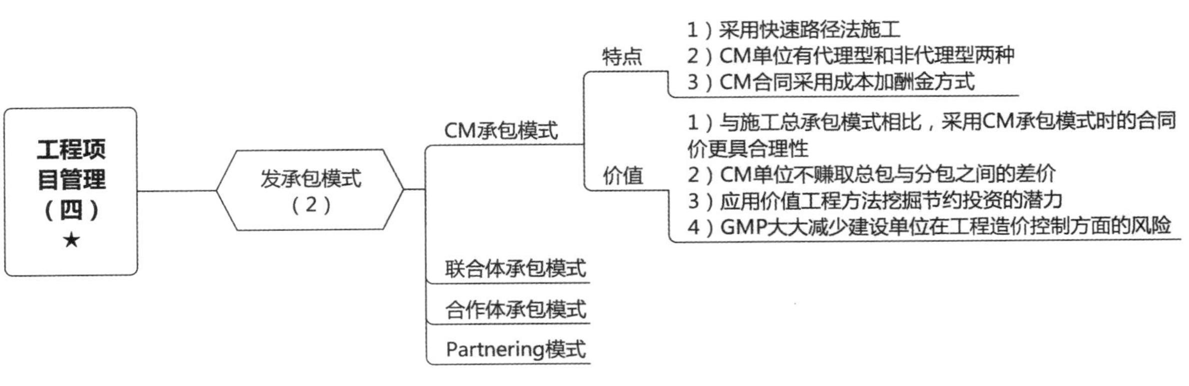
工程项目管理（四）★
发承包模式（2）
CM承包模式
特点
1）采用快速路径法施工
2）CM单位有代理型和非代理型两种
3）CM合同采用成本加酬金方式
价值
1）与施工总承包模式相比，采用CM承包模式时的合同价更具合理性
2）CM单位不赚取总包与分包之间的差价
3）应用价值工程方法挖掘节约投资的潜力
4）GMP大大减少建设单位在工程造价控制方面的风险
联合体承包模式
合作体承包模式
Partnering模式

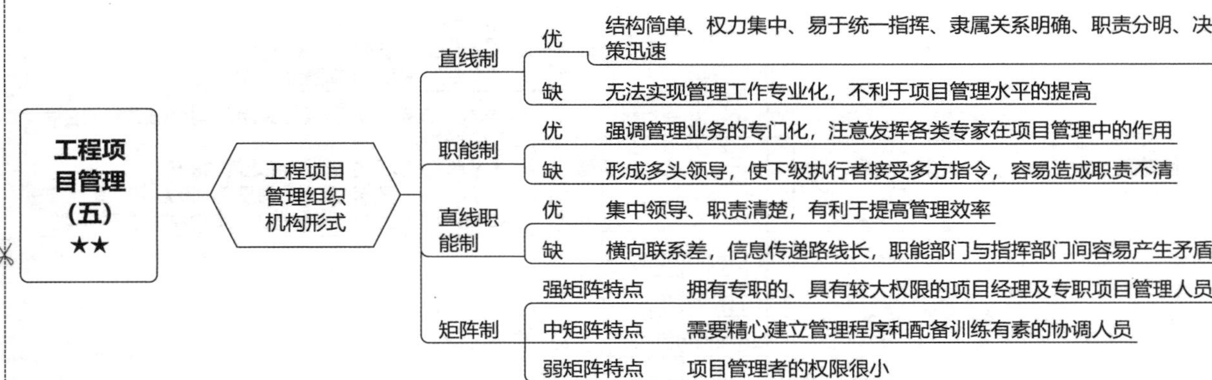
工程项目管理（五）★★
工程项目管理组织机构形式
直线制
优 结构简单、权力集中、易于统一指挥、隶属关系明确、职责分明、决策迅速
缺 无法实现管理工作专业化，不利于项目管理水平的提高
职能制
优 强调管理业务的专门化，注意发挥各类专家在项目管理中的作用
缺 形成多头领导，使下级执行者接受多方指令，容易造成职责不清
直线职能制
优 集中领导、职责清楚，有利于提高管理效率
缺 横向联系差，信息传递路线长，职能部门与指挥部门间容易产生矛盾
矩阵制
强矩阵特点 拥有专职的、具有较大权限的项目经理及专职项目管理人员
中矩阵特点 需要精心建立管理程序和配备训练有素的协调人员
弱矩阵特点 项目管理者的权限很小

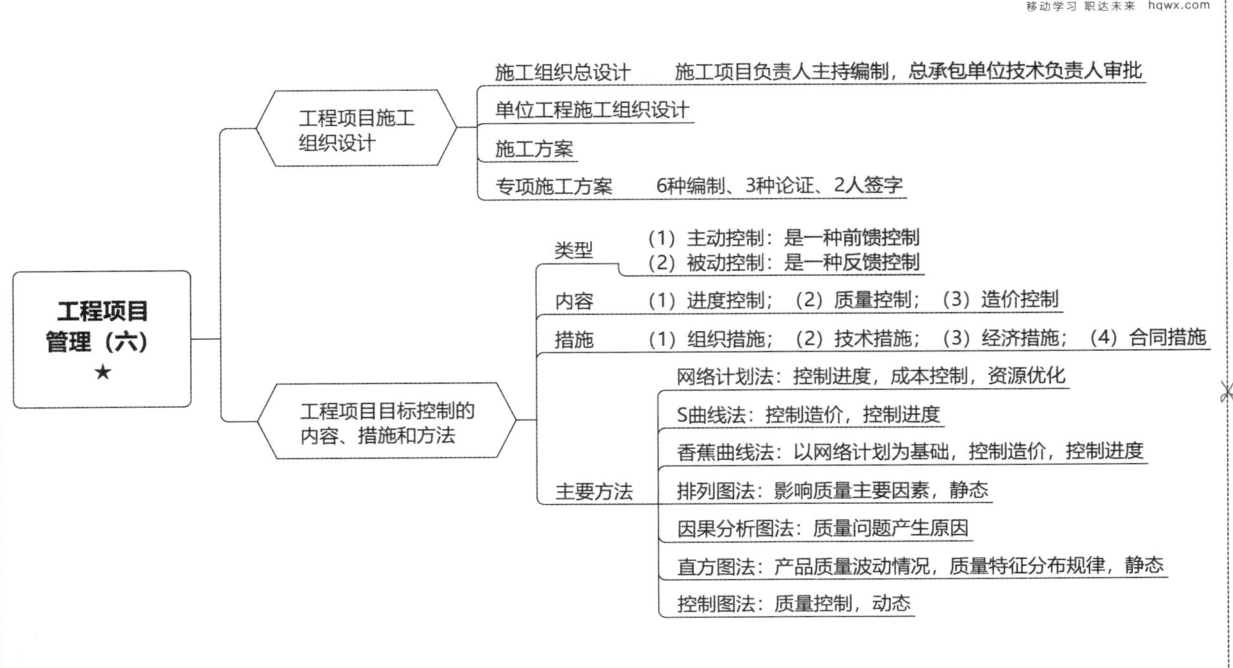
工程项目管理（六）★
工程项目施工组织设计
施工组织总设计
施工项目负责人主持编制，总承包单位技术负责人审批
单位工程施工组织设计
施工方案
专项施工方案
6种编制、3种论证、2人签字
工程项目目标控制的内容、措施和方法
类型
（1）主动控制：是一种前馈控制
（2）被动控制：是一种反馈控制
内容
（1）进度控制；（2）质量控制；（3）造价控制
措施
（1）组织措施；（2）技术措施；（3）经济措施；（4）合同措施
主要方法
网络计划法：控制进度，成本控制，资源优化
S曲线法：控制造价，控制进度
香蕉曲线法：以网络计划为基础，控制造价，控制进度
排列图法：影响质量主要因素，静态
因果分析图法：质量问题产生原因
直方图法：产品质量波动情况，质量特征分布规律，静态
控制图法：质量控制，动态

工程项目管理（七）★★

- 流水施工的特点和参数
  - 流水施工的特点
  - 流水施工的表达方式：横道图表示法、垂直图表示法
  - 流水施工参数
    - （1）工艺参数：施工过程、流水强度
    - （2）空间参数：工作面、施工段
    - （3）时间参数：流水节拍、流水步距、流水施工工期
- 流水施工的基本组织形式
  - 有节奏流水施工
    - 等节奏流水施工
      - （1）所有施工过程在各个施工段上的流水节拍均相等
      - （2）相邻施工过程的流水步距相等，且等于流水节拍
      - （3）专业工作队数等于施工过程数
      - （4）各个专业工作队在各施工段上能够连续作业，施工段之间没有空闲时间
    - 异节奏流水施工
      - 等步距异节奏流水施工：成倍节拍流水施工
      - 异步距异节奏流水施工
  - 非节奏流水施工：累加数列错位相减求大差法

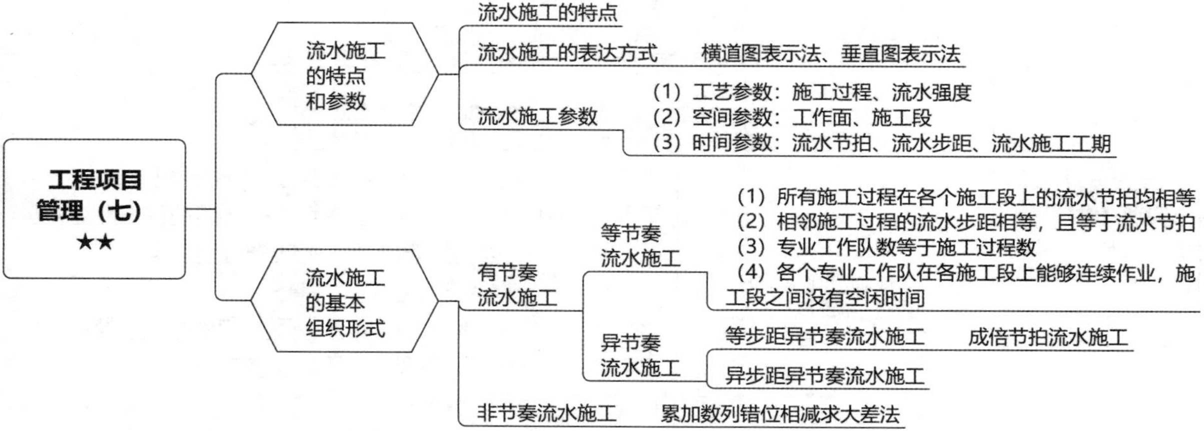

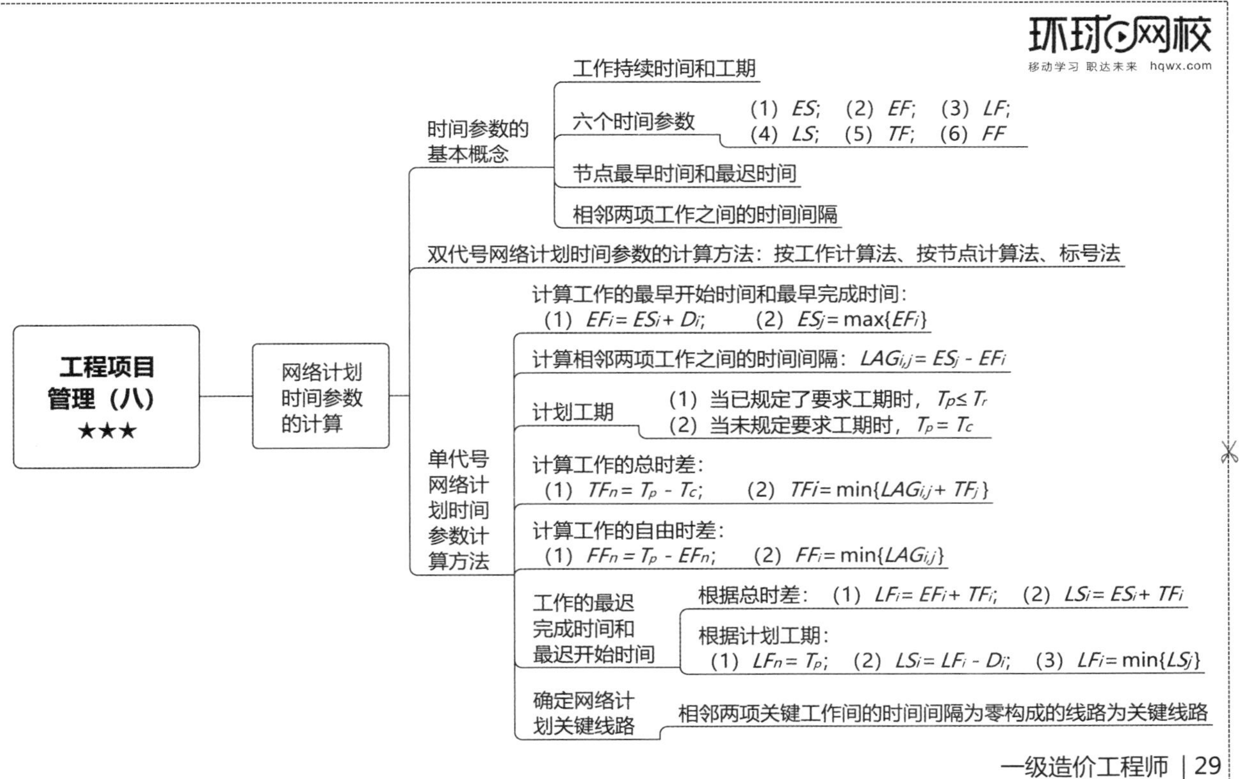
环球网校
移动学习 职达未来 hqwx.com
工程项目管理（八）★★★
网络计划时间参数的计算
时间参数的基本概念
工作持续时间和工期
六个时间参数
（1）ES；（2）EF；（3）LF；
（4）LS；（5）TF；（6）FF
节点最早时间和最迟时间
相邻两项工作之间的时间间隔
双代号网络计划时间参数的计算方法：按工作计算法、按节点计算法、标号法
单代号网络计划时间参数计算方法
计算工作的最早开始时间和最早完成时间：
（1）$EF_i = ES_i + D_i$；（2）$ES_j = \max\{EF_i\}$
计算相邻两项工作之间的时间间隔：$LAG_{i,j} = ES_j - EF_i$
计划工期
（1）当已规定了要求工期时，$T_p \leq T_r$
（2）当未规定要求工期时，$T_p = T_c$
计算工作的总时差：
（1）$TF_n = T_p - T_c$；（2）$TF_i = \min\{LAG_{i,j} + TF_j\}$
计算工作的自由时差：
（1）$FF_n = T_p - EF_n$；（2）$FF_i = \min\{LAG_{i,j}\}$
工作的最迟完成时间和最迟开始时间
根据总时差：（1）$LF_i = EF_i + TF_i$；（2）$LS_i = ES_i + TF_i$
根据计划工期：
（1）$LF_n = T_p$；（2）$LS_i = LF_i - D_i$；（3）$LF_i = \min\{LS_j\}$
确定网络计划关键线路
相邻两项关键工作间的时间间隔为零构成的线路为关键线路

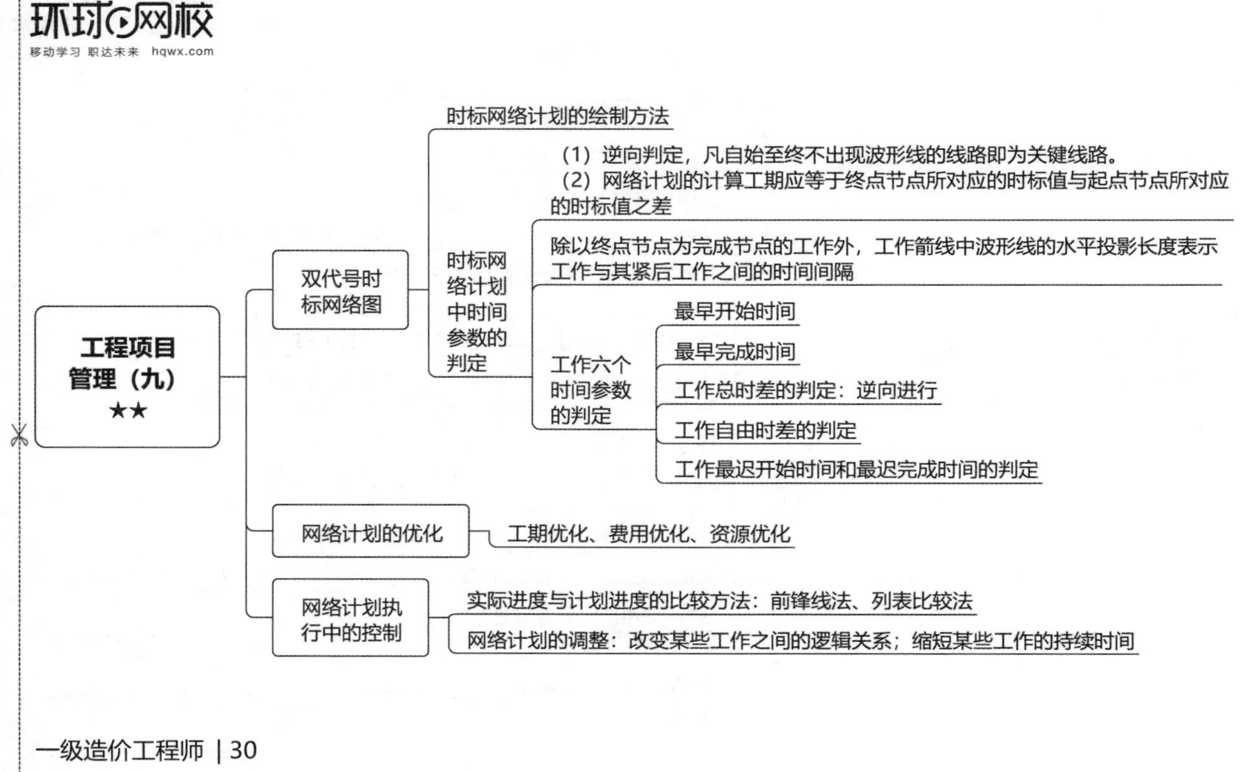
环球网校
移动学习 职达未来 hqwx.com
工程项目管理（九）★★
双代号时标网络图
时标网络计划的绘制方法
时标网络计划中时间参数的判定
（1）逆向判定，凡自始至终不出现波形线的线路即为关键线路。
（2）网络计划的计算工期应等于终点节点所对应的时标值与起点节点所对应的时标值之差
除以终点节点为完成节点的工作外，工作箭线中波形线的水平投影长度表示工作与其紧后工作之间的时间间隔
工作六个时间参数的判定
最早开始时间
最早完成时间
工作总时差的判定：逆向进行
工作自由时差的判定
工作最迟开始时间和最迟完成时间的判定
网络计划的优化
工期优化、费用优化、资源优化
网络计划执行中的控制
实际进度与计划进度的比较方法：前锋线法、列表比较法
网络计划的调整：改变某些工作之间的逻辑关系；缩短某些工作的持续时间

工程项目管理（十）

- 工程项目信息管理实施模式及策略
  - 工程项目信息管理实施模式主要有三种，即：自行开发、直接购买和租用服务
  - （1）强化建设单位作用，强调全员参与
    （2）编制信息管理手册，建立健全信息管理制度
    （3）明确信息管理工作流程，充分利用信息资源
    （4）建立基于网络的信息平台，实现工程项目协同管理
- 基于互联网的工程项目信息平台特点
  - 基于互联网的工程项目信息平台具有以下基本特点：
    （1）以 Extranet 作为信息交换工作平台，其基本形式是项目主题网，它具有较高的安全性
    （2）采用 100%B/S (浏览器/服务器)结构，用户在客户端只需安装一个浏览器即可
    （3）与其他相关信息系统不同
    （4）基于互联网的工程项目信息平台不是一个简单文档系统，通过信息的集中管理和门户设置，为工程参建各方提供一个开放、协调、个性化的信息沟通环境

工程经济（一）
★★★

- 现金流量和资金的时间价值
  - 现金流量图的绘制规则
  - 影响利率的主要因素：（1）社会平均利润率；（2）借贷资本的供求情况；（3）借贷风险；（4）通货膨胀；（5）借出资本的期限长短
- 等值计算
  - 终值计算（已知*P*，求*F*）。$F=P(1+i)n$
  - 现值计算（已知*F*，求*P*）。$P=F(1+i)-n$
  - 终值计算（已知*A*，求*F*）。$F=A((1+i)^\wedge n-1)/i$
  - 现值计算（已知*A*，求*P*）。$P=F(1+i)-n=A((1+i)^\wedge n-1)/(i(1+i)^\wedge n)$
  - 资金回收计算（已知*P*，求*A*）。$A=P(i(1+i)^\wedge n)/((1+i)^\wedge n-1)$
  - 偿债基金计算（已知*F*，求*A*）。$A=Fi/((1+i)^\wedge n-1)$
- 名义利率和有效利率
  - （1）名义利率：年名义利率12%（*r*）=月利率1%（*i*）×计息周期12（*m*）务必把握计息周期利率，因为它才是真正的放弃使用资金的机会成本，是对资金所有者的补偿
  - （2）有效利率：1）计息周期有效利率$i=r/m$ 2）利率周期有效利率$ieff=I/P=(1+r/m)^\wedge m-1$

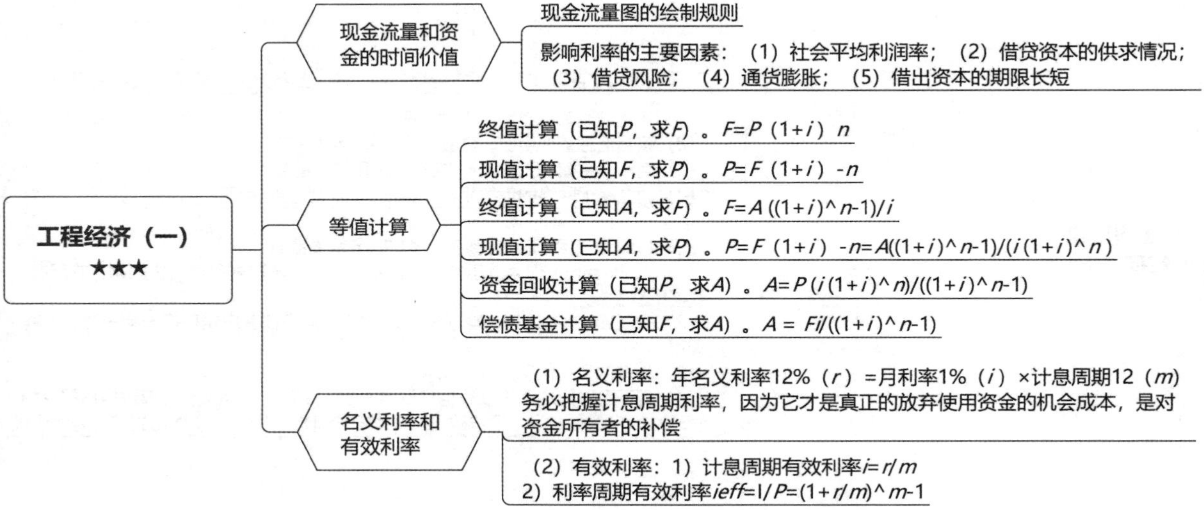

工程经济（二）★★

动态分析（1）

1）计算公式：$IRR=i_1+[NPV_1/(NPV_1+|NPV_2|)](i_2-i_1)$

2）评价准则：若$IRR \geq i_c$，则投资方案在经济上可以接受；若$IRR < i_c$，则投资方案在经济上应予拒绝

3）优点：内部收益率指标考虑了资金的时间价值以及项目在整个计算期内的经济状况；能够直接衡量项目未回收投资的收益率；不需要事先确定一个基准收益率，而只需要知道基准收益率的大致范围即可。

4）不足：内部收益率计算需要大量的与投资项目有关的数据，计算比较麻烦；对于具有非常规现金流量的项目来讲，其内部收益率往往不唯一，在某些情况下甚至不存在

5）*IRR*与*NPV*的比较：

用*NPV*、*IRR*均可对独立方案进行评价，且结论是一致的。*NPV*法计算简便，但得不出投资过程收益程度，且受外部参数（i_c）的影响；*IRR*法较为烦琐，但能反映投资过程的收益程度，而*IRR*的大小不受外部参数影响，完全取决于投资过程的现金流量

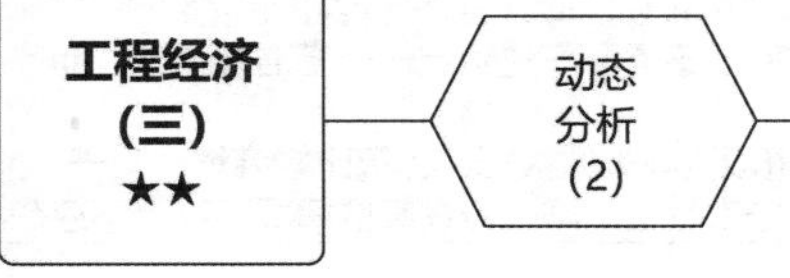

1）定义：投资方案的净现值指用一个预定的基准收益率（或设定的折现率）i_c，分别将整个计算期内各年所发生的净现金流量都折现到投资方案开始实施时的现值之和

2）评价准则*NPV*≥0，方案在经济上可行；*NPV*＜0，方案在经济上不可行

3）优点：净现值指标考虑了资金的时间价值，并全面考虑了项目在整个计算期内的经济状况；经济意义明确直观，能够直接以金额表示项目的盈利水平；判断直观

4)不足：必须首先确定一个符合经济现实的基准收益率，而基准收益率的确定往往是比较困难的；而且在互斥方案评价时，净现值必须慎重考虑互斥方案的寿命，如果互斥方案寿命不等，必须构造一个相同的分析期限，才能进行方案比选。此外，净现值不能反映项目投资中单位投资的使用效率，不能直接说明在项目运营期各年的经营成果

5）资金成本和机会成本是确定基准收益率的基础，投资风险和通货膨胀是确定基准收益率必须考虑的影响因素

净现值率（*NPVR*）是项目净现值与项目全部投资现值之比，其经济含义是单位投资现值所能带来的净现值，是一个考察项目单位投资盈利能力的指标

工程经济（四）★

- 投资收益率
  - 总投资收益率 $ROI=EBITTI\times100\%$
  - 资本金净利润率 $ROE=NPEC\times100\%$
  - 优点：投资收益率指标的经济意义明确、直观，计算简便，可用于各种投资规模
    不足：没有考虑投资收益的时间因素，忽视了资金具有时间价值的重要性；指标计算的主观随意性太强，换句话说，就是正常生产年份的选择比较困难
- 静态投资回收期
  - $P_t=$（累计净现金流量出现正值的年份数 - 1）+上一年累计净现金流量的绝对值/出现正值年份的净现金流量
  - 优点：投资回收期指标容易理解，计算也比较简便；项目投资回收期在一定程度上显示了资本的周转速度。显然，资本周转速度越快，回收期越短，风险越小，盈利越多
    不足：投资回收期没有全面考虑投资方案整个计算期内的现金流量，即：只间接考虑投资回收之前的效果，不能反映投资回收之后的情况，即无法准确衡量方案在整个计算期内的经济效果

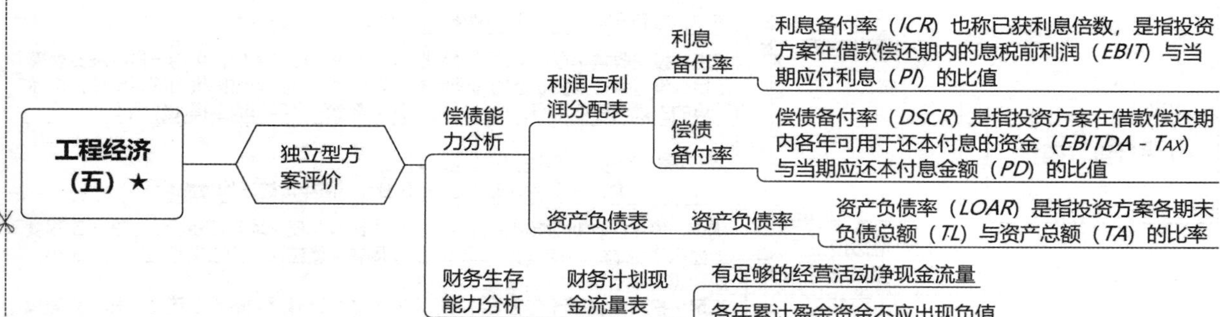
工程经济
（五）★
独立型方案评价
偿债能力分析
利润与利润分配表
利息备付率
利息备付率（ICR）也称已获利息倍数，是指投资方案在借款偿还期内的息税前利润（EBIT）与当期应付利息（PI）的比值
偿债备付率
偿债备付率（DSCR）是指投资方案在借款偿还期内各年可用于还本付息的资金（EBITDA - TAX）与当期应还本付息金额（PD）的比值
资产负债表
资产负债率
资产负债率（LOAR）是指投资方案各期末负债总额（TL）与资产总额（TA）的比率
财务生存能力分析
财务计划现金流量表
有足够的经营活动净现金流量
各年累计盈余资金不应出现负值

工程经济（六）
★★

互斥型方案评价

静态评价方法：
（1）增量投资收益率；（2）增量投资回收期；（3）年折算费用；
（4）综合总费用

动态评价方法

计算期相同的互斥方案经济效果的评价：
（1）净现值（NPV）法
对互斥方案评价，首先剔除$NPV<0$的方案，即进行方案的绝对效果检验；然后对所有$NPV\geq 0$的方案比较其净现值，选择净现值最大的方案为最佳方案
（2）增量投资内部收益率（ΔIRR）法
①计算各备选方案的IRR_j，分别与基准收益率i_c比较。$IRR_j<i_c$的方案，即予淘汰
②将$IRRj\geq ic$的方案按初始投资额由小到大依次排列
③按初始投资额由小到大依次计算相邻两个方案的增量投资内部收益率ΔIRR，若$\Delta IRR>i_c$，则说明初始投资额大的方案为优选方案；反之，若$\Delta IRR<i_c$，则保留投资额小的方案。直至全部方案比较完毕，保留的方案就是最优方案
（3）净年值（NAV）法

计算期不同的互斥方案经济效果的评价：
（1）净年值（NAV）法
（2）净现值（NPV）法
（3）增量投资内部收益率（ΔIRR）法

工程经济（七）★★

价值工程的基本原理和工作程序

(1) 价值工程的目标是以最低的寿命周期成本，使产品具备其所必须具备的功能
(2) 价值工程的核心是对产品进行功能分析
(3) 价值工程将产品价值、功能和成本作为一个整体同时来考虑
(4) 价值工程强调不断改革和创新
(5) 价值工程要求将功能定量化
(6) 价值工程是以集体的智慧开展的有计划、有组织的管理活动

提高产品价值的途径：
(1) F↑，C↓；(2) F↑，C→；(3) F→，C↓；(4) F↑↑，C↑；
(5) F↓，C↓↓

工程经济（八）★★

价值工程方法

（1）因素分析法；（2）ABC分析法；（3）强制确定法；（4）百分比分析法；（5）价值指数法

功能分析是价值工程活动的核心和基本内容。
（1）功能分类：1）按功能的重要程度分类；2）按功能的性质分类；3）按用户的需求分类；4）按功能的量化标准分类
（2）功能定义
（3）功能整理：建立功能系统图
（4）功能计量方法：理论计算法、技术测定法、统计分析法、类比类推法、德尔菲法等

功能评价：通过功能分析与整理明确必要功能后，价值工程的下一步工作就是功能评价确定功能重要性系数的关键是对功能进行打分，常用的打分方法有强制打分法（0—1评分法或0—4评分法）、多比例评分法、逻辑评分法、环比评分法等

（1）方案创造方法：1）头脑风暴法；2）哥顿法；3）专家意见法；4）专家检查法
（2）方案评价：在对方案进行评价时，无论是概略评价还是详细评价，一般可先进行技术评价，再分别进行经济评价和社会评价，最后进行综合评价
（3）方案综合评价法：用于方案综合评价的方法有很多，常用的定性方法有德尔菲（Delphi）法、优缺点列举法等；常用的定量方法有直接评分法、加权评分法、比较价值评分法、环比评分法、强制评分法、几何平均值评分法等

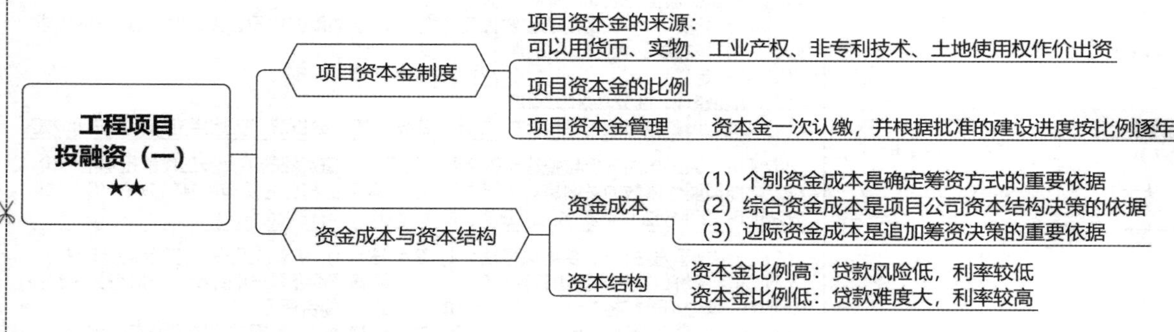
工程项目
投融资（一）
★★
项目资本金制度
项目资本金的来源：
可以用货币、实物、工业产权、非专利技术、土地使用权作价出资
项目资本金的比例
项目资本金管理
资本金一次认缴，并根据批准的建设进度按比例逐年到位
资金成本与资本结构
资金成本
（1）个别资金成本是确定筹资方式的重要依据
（2）综合资金成本是项目公司资本结构决策的依据
（3）边际资金成本是追加筹资决策的重要依据
资本结构
资本金比例高：贷款风险低，利率较低
资本金比例低：贷款难度大，利率较高

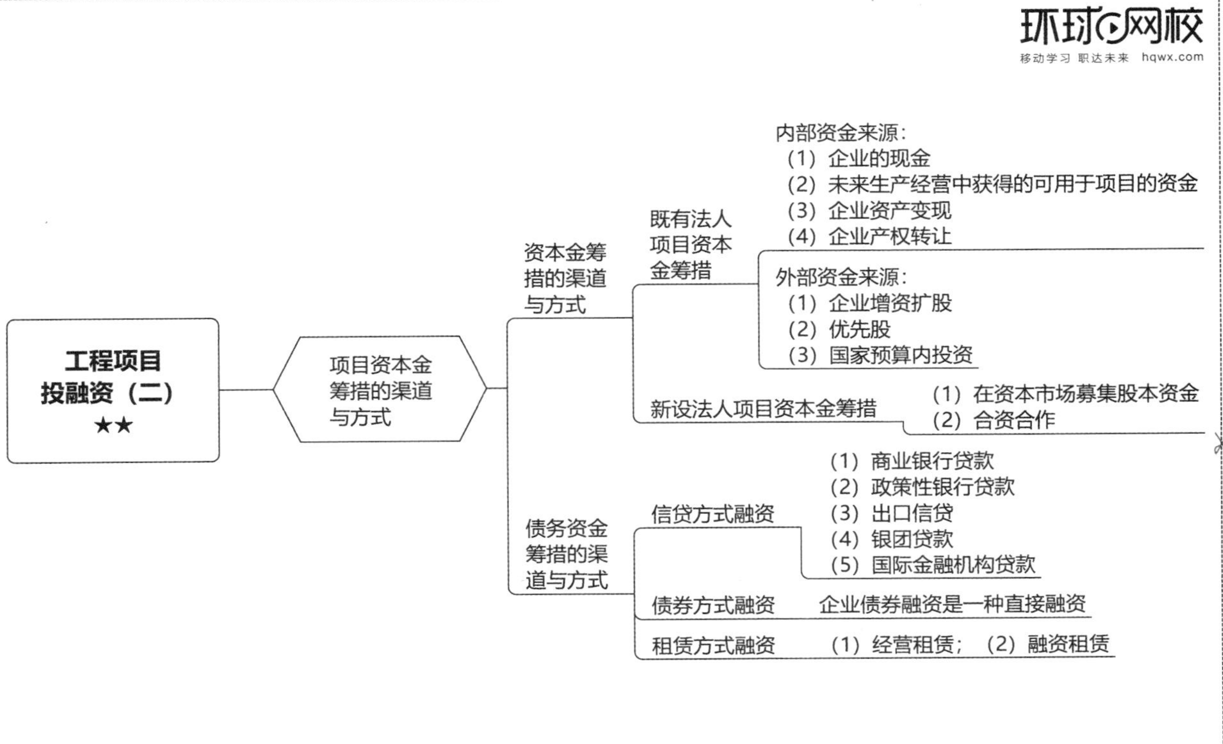
环球网校
移动学习 职达未来 hqwx.com
工程项目
投融资（二）
★★
项目资本金筹措的渠道与方式
资本金筹措的渠道与方式
既有法人项目资本金筹措
内部资金来源：
（1）企业的现金
（2）未来生产经营中获得的可用于项目的资金
（3）企业资产变现
（4）企业产权转让
外部资金来源：
（1）企业增资扩股
（2）优先股
（3）国家预算内投资
新设法人项目资本金筹措
（1）在资本市场募集股本资金
（2）合资合作
债务资金筹措的渠道与方式
信贷方式融资
（1）商业银行贷款
（2）政策性银行贷款
（3）出口信贷
（4）银团贷款
（5）国际金融机构贷款
债券方式融资
企业债券融资是一种直接融资
租赁方式融资
（1）经营租赁；（2）融资租赁

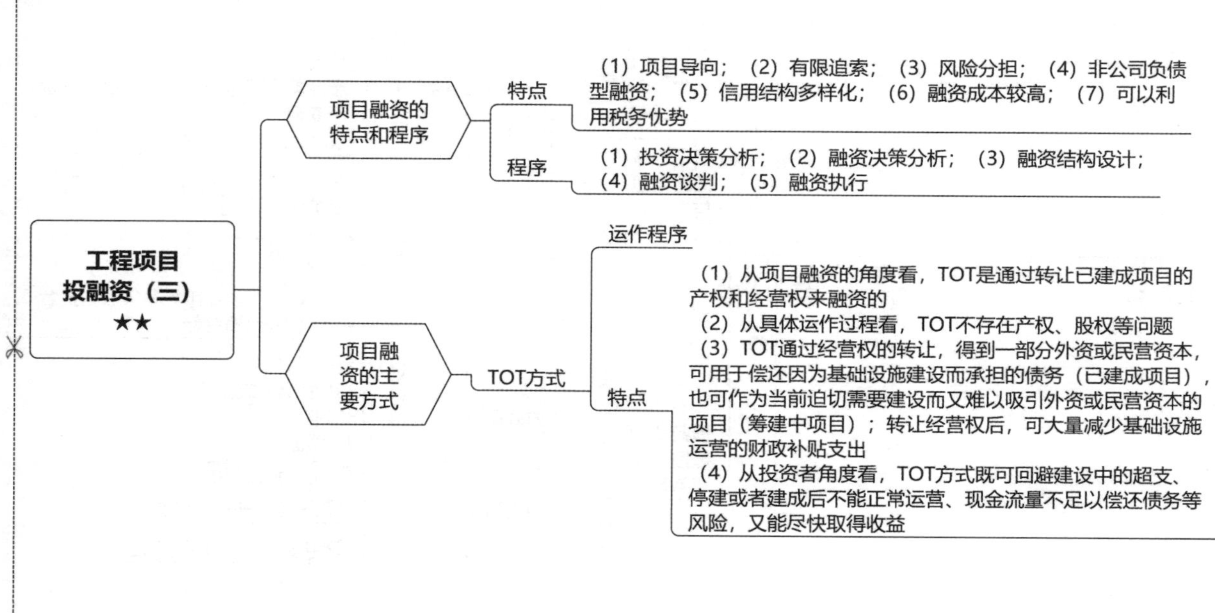
工程项目投融资（三）★★
项目融资的特点和程序
特点
（1）项目导向；（2）有限追索；（3）风险分担；（4）非公司负债型融资；（5）信用结构多样化；（6）融资成本较高；（7）可以利用税务优势
程序
（1）投资决策分析；（2）融资决策分析；（3）融资结构设计；（4）融资谈判；（5）融资执行
项目融资的主要方式
TOT方式
运作程序
特点
（1）从项目融资的角度看，TOT是通过转让已建成项目的产权和经营权来融资的
（2）从具体运作过程看，TOT不存在产权、股权等问题
（3）TOT通过经营权的转让，得到一部分外资或民营资本，可用于偿还因为基础设施建设而承担的债务（已建成项目），也可作为当前迫切需要建设而又难以吸引外资或民营资本的项目（筹建中项目）；转让经营权后，可大量减少基础设施运营的财政补贴支出
（4）从投资者角度看，TOT方式既可回避建设中的超支、停建或者建成后不能正常运营、现金流量不足以偿还债务等风险，又能尽快取得收益

环球网校
移动学习 职达未来 hqwx.com

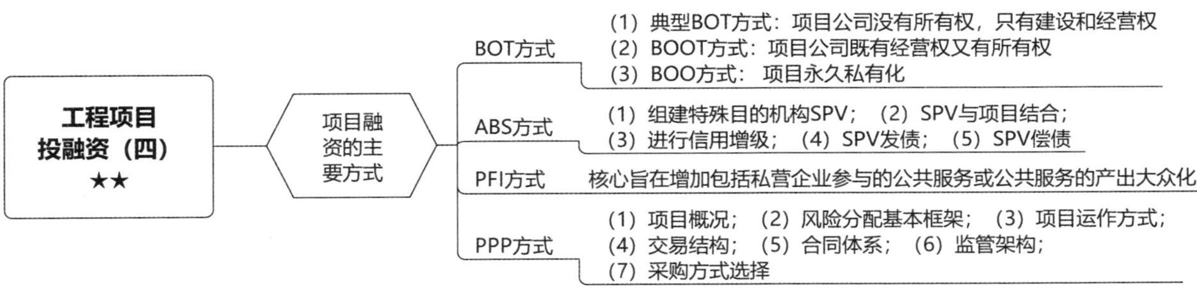
工程项目投融资（四）★★
项目融资的主要方式
BOT方式
（1）典型BOT方式：项目公司没有所有权，只有建设和经营权
（2）BOOT方式：项目公司既有经营权又有所有权
（3）BOO方式： 项目永久私有化
ABS方式
（1）组建特殊目的机构SPV；（2）SPV与项目结合；
（3）进行信用增级；（4）SPV发债；（5）SPV偿债
PFI方式
核心旨在增加包括私营企业参与的公共服务或公共服务的产出大众化
PPP方式
（1）项目概况；（2）风险分配基本框架；（3）项目运作方式；
（4）交易结构；（5）合同体系；（6）监管架构；
（7）采购方式选择

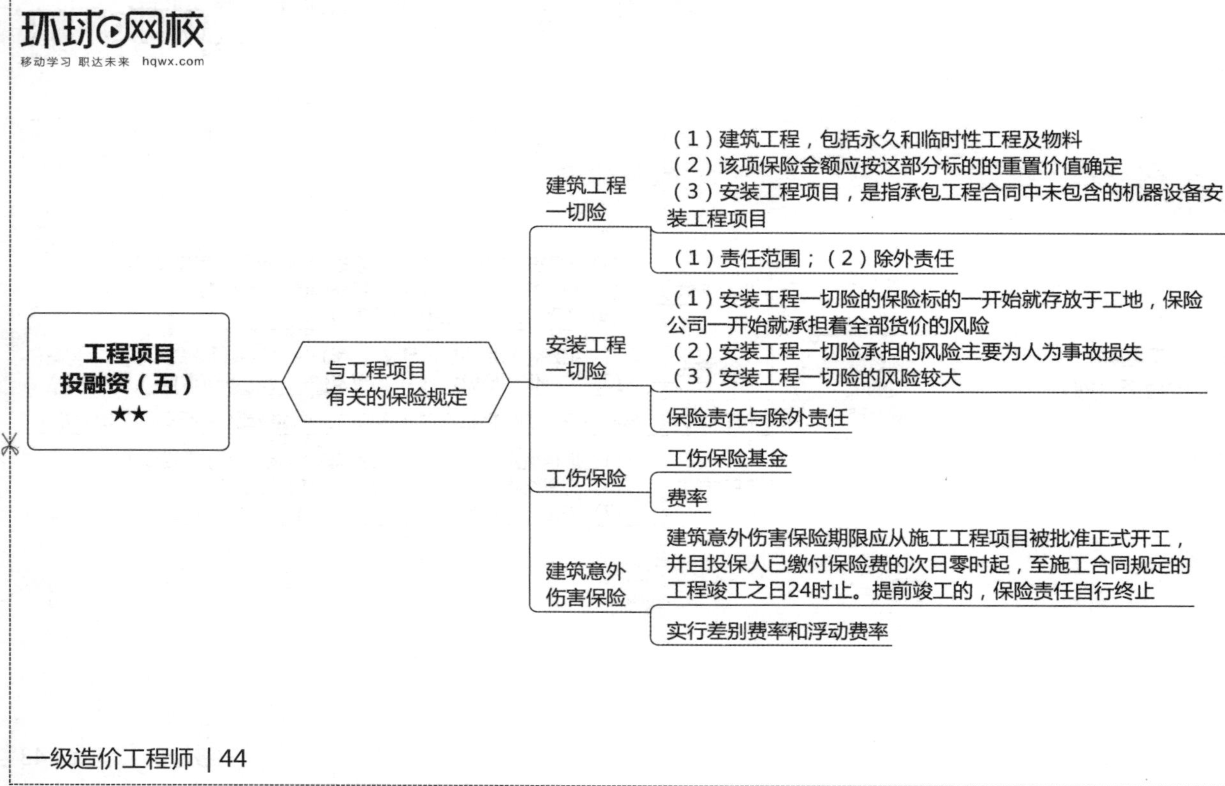
环球网校
移动学习 职达未来 hqwx.com
工程项目
投融资（五）
★★
与工程项目
有关的保险规定
建筑工程
一切险
（1）建筑工程，包括永久和临时性工程及物料
（2）该项保险金额应按这部分标的的重置价值确定
（3）安装工程项目，是指承包工程合同中未包含的机器设备安装工程项目
（1）责任范围；（2）除外责任
安装工程
一切险
（1）安装工程一切险的保险标的一开始就存放于工地，保险公司一开始就承担着全部货价的风险
（2）安装工程一切险承担的风险主要为人为事故损失
（3）安装工程一切险的风险较大
保险责任与除外责任
工伤保险
工伤保险基金
费率
建筑意外
伤害保险
建筑意外伤害保险期限应从施工工程项目被批准正式开工，并且投保人已缴付保险费的次日零时起，至施工合同规定的工程竣工之日24时止。提前竣工的，保险责任自行终止
实行差别费率和浮动费率

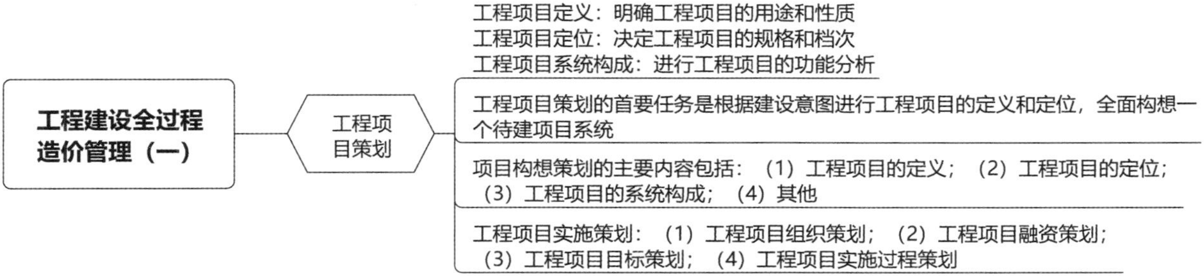

工程建设全过程造价管理（一）

工程项目策划

- 工程项目定义：明确工程项目的用途和性质
- 工程项目定位：决定工程项目的规格和档次
- 工程项目系统构成：进行工程项目的功能分析
- 工程项目策划的首要任务是根据建设意图进行工程项目的定义和定位，全面构想一个待建项目系统
- 项目构想策划的主要内容包括：（1）工程项目的定义；（2）工程项目的定位；（3）工程项目的系统构成；（4）其他
- 工程项目实施策划：（1）工程项目组织策划；（2）工程项目融资策划；（3）工程项目目标策划；（4）工程项目实施过程策划

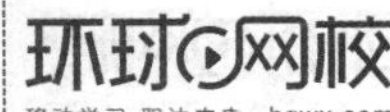

工程建设全过程造价管理（二）★

限额设计：限额设计需要在投资额度不变的情况下，实现使用功能和建设规模的最大化

评价方法：
（1）综合费用法：没有考虑资金的时间价值
（2）全寿命期费用法：考虑了资金的时间价值，用年度等值法，以年度费用最小者为最优方案
（3）价值工程法
（4）多因素评分优选法

施工图预算审查：
（1）施工图预算的审查内容：工程量、定额使用、设备材料及人工、机械价格、相关费用。工程量计算是编制施工图预算的基础性工作之一，对施工图预算的审查，应首先从审查工程量开始
（2）施工图预算审查的方法：
1）全面审查法：全面、细致、质量高；工作量大、时间较长
2）标准预算审查法：时间较短，效果好；应用范围较小
3）分组计算审查法：加快速度；精度较差
4）对比审查法：速度快；丰富的数据库为基础
5）筛选审查法：速度快；有局限性
6）重点抽查法：重点突出，时间较短，效果较好；对审查人员素质要求高
7）利用手册审查法
8）分解对比审查法

工程建设全过程造价管理（三）★★

- 施工招标策划
  - 施工标段划分：（1）工程特点；（2）对工程造价的影响；（3）承包单位专长的发挥；（4）工地管理。从现场布置的角度看，承包单位越少越好；（5）其他因素
  - 合同计价方式：
    - （1）总价合同：易控制，风险大；
    - （2）单价合同：较易控制，风险小
    - （3）成本加酬金合同：百分比酬金、固定酬金、浮动酬金、目标成本加罚金
  - 合同类型的选择：（1）工程项目复杂程度；（2）工程项目设计深度；（3）施工技术先进程度；（4）施工工程紧迫程度
- 施工投标报价策略
  - （1）不平衡报价法；（2）暂定金额的报价

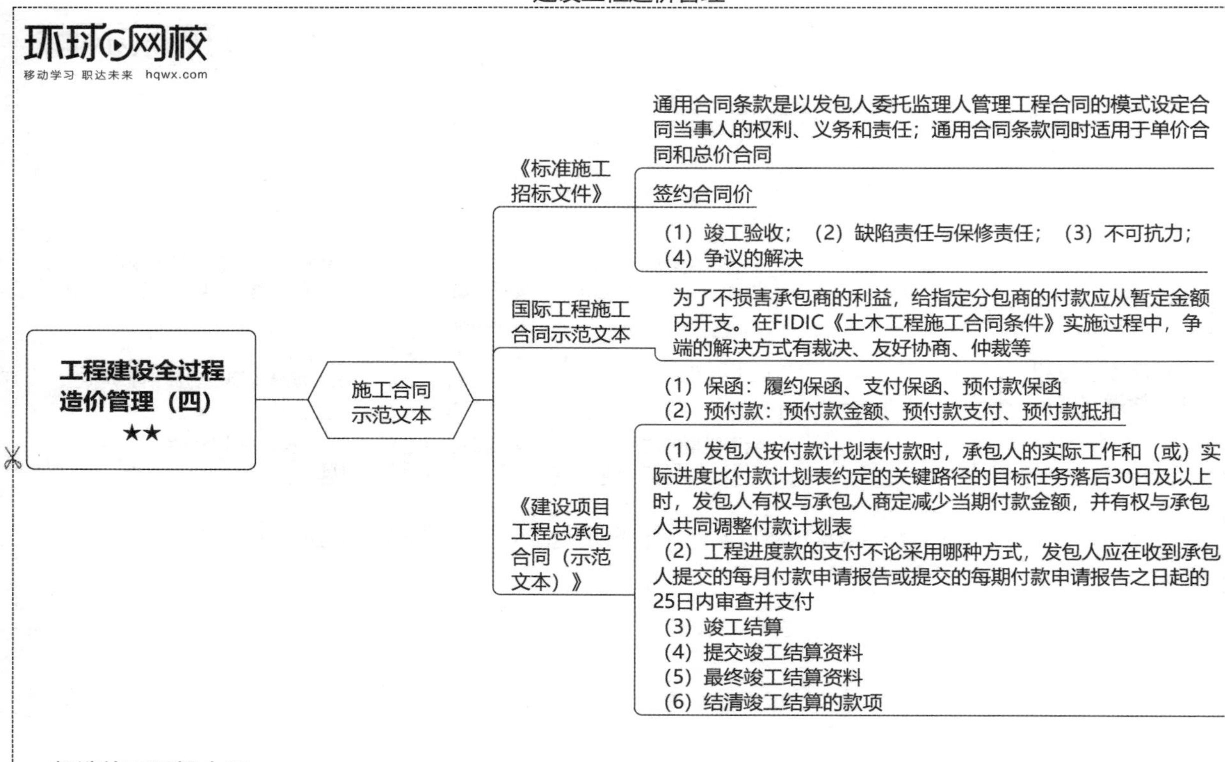
环球网校
移动学习 职达未来 hqwx.com
工程建设全过程造价管理（四）★★
施工合同示范文本
《标准施工招标文件》
通用合同条款是以发包人委托监理人管理工程合同的模式设定合同当事人的权利、义务和责任；通用合同条款同时适用于单价合同和总价合同
签约合同价
（1）竣工验收；（2）缺陷责任与保修责任；（3）不可抗力；（4）争议的解决
国际工程施工合同示范文本
为了不损害承包商的利益，给指定分包商的付款应从暂定金额内开支。在FIDIC《土木工程施工合同条件》实施过程中，争端的解决方式有裁决、友好协商、仲裁等
《建设项目工程总承包合同（示范文本）》
（1）保函：履约保函、支付保函、预付款保函
（2）预付款：预付款金额、预付款支付、预付款抵扣
（1）发包人按付款计划表付款时，承包人的实际工作和（或）实际进度比付款计划表约定的关键路径的目标任务落后30日及以上时，发包人有权与承包人商定减少当期付款金额，并有权与承包人共同调整付款计划表
（2）工程进度款的支付不论采用哪种方式，发包人应在收到承包人提交的每月付款申请报告或提交的每期付款申请报告之日起的25日内审查并支付
（3）竣工结算
（4）提交竣工结算资料
（5）最终竣工结算资料
（6）结清竣工结算的款项

工程建设全过程造价管理（五）★★

资金使用计划的编制

（1）建筑安装工程费用中的人工费、材料费、施工机具使用费等直接费，可直接分解到各工程分项。企业管理费、利润、规费、税金则不宜直接进行分解

（2）措施项目费则应分析具体情况，将其中与各工程分项有关的费用（如二次搬运费、检验试验费等）分离出来，按一定比例分解到相应的工程分项；其他与单位工程、分部工程有关的费用（如临时设施费、保险费等），则不能分解到各工程分项

施工管理成本

成本计划的编制方法：目标利润法、技术进步法、按实计算法、定率估算法

成本核算：施工项目经理部应建立和健全以单位工程为对象的成本核算财务体系

固定资产折旧：从固定资产投入使用月份的次月起，按月计提。
停止使用的固定资产，从停用月份的次月起，停止计提折旧。
（1）平均年限法；（2）工作量法；
（3）双倍余额递减法：
年折旧率=2/折旧年限 ×100%
年折旧额=固定资产账面净值×年折旧率
（4）年数总和法：
年折旧率=（折旧年限 - 已使用年限）/[折旧年限×（折旧年限+1）/2] ×100%
年折旧额=（固定资产原值 - 预计净残值）×年折旧率

成本分析的基本方法包括：比较法、因素分析法、差额计算法、比率法等

成本考核指标：（1）企业项目成本考核指标
（2）项目经理部可控责任成本考核指标

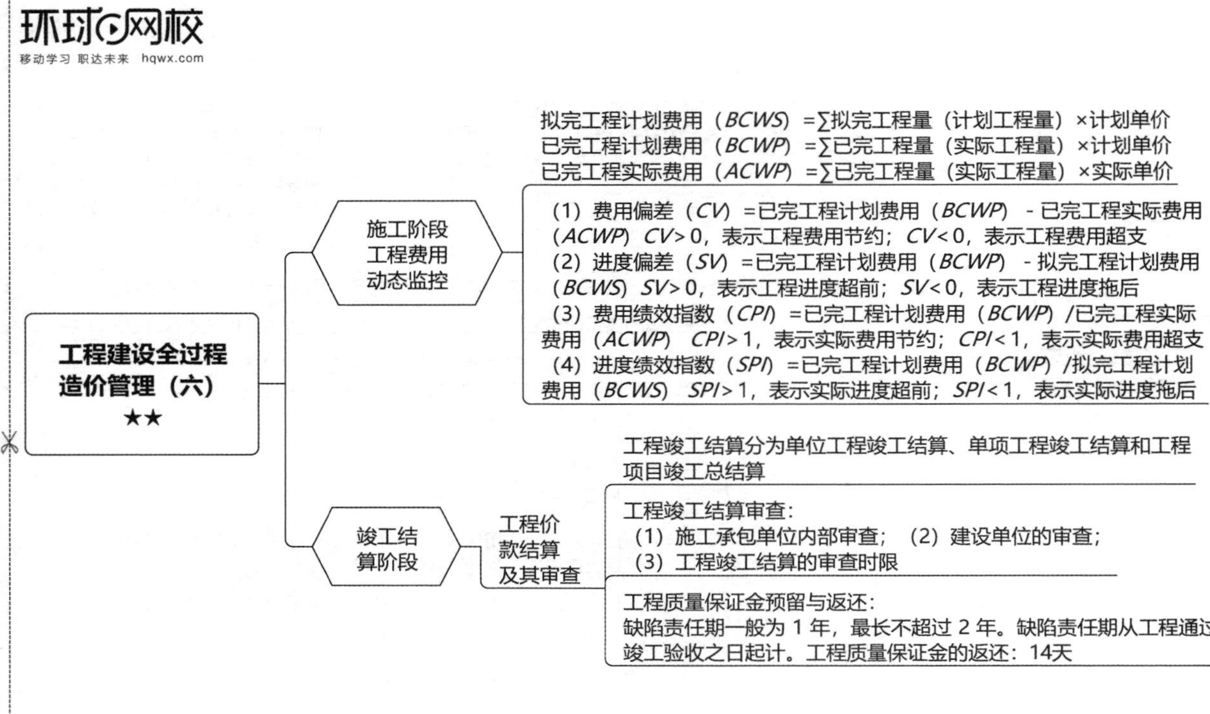
环球网校
移动学习 职达未来 hqwx.com
工程建设全过程造价管理（六）★★
施工阶段工程费用动态监控
拟完工程计划费用（BCWS）=∑拟完工程量（计划工程量）×计划单价
已完工程计划费用（BCWP）=∑已完工程量（实际工程量）×计划单价
已完工程实际费用（ACWP）=∑已完工程量（实际工程量）×实际单价
（1）费用偏差（CV）=已完工程计划费用（BCWP）-已完工程实际费用（ACWP） CV>0，表示工程费用节约；CV<0，表示工程费用超支
（2）进度偏差（SV）=已完工程计划费用（BCWP）-拟完工程计划费用（BCWS） SV>0，表示工程进度超前；SV<0，表示工程进度拖后
（3）费用绩效指数（CPI）=已完工程计划费用（BCWP）/已完工程实际费用（ACWP） CPI>1，表示实际费用节约；CPI<1，表示实际费用超支
（4）进度绩效指数（SPI）=已完工程计划费用（BCWP）/拟完工程计划费用（BCWS） SPI>1，表示实际进度超前；SPI<1，表示实际进度拖后
竣工结算阶段
工程价款结算及其审查
工程竣工结算分为单位工程竣工结算、单项工程竣工结算和工程项目竣工总结算
工程竣工结算审查：
（1）施工承包单位内部审查；（2）建设单位的审查；
（3）工程竣工结算的审查时限
工程质量保证金预留与返还：
缺陷责任期一般为1年，最长不超过2年。缺陷责任期从工程通过竣工验收之日起计。工程质量保证金的返还：14天

2

建设工程计价

随时随地，在线刷题

扫码加助教领题库软件

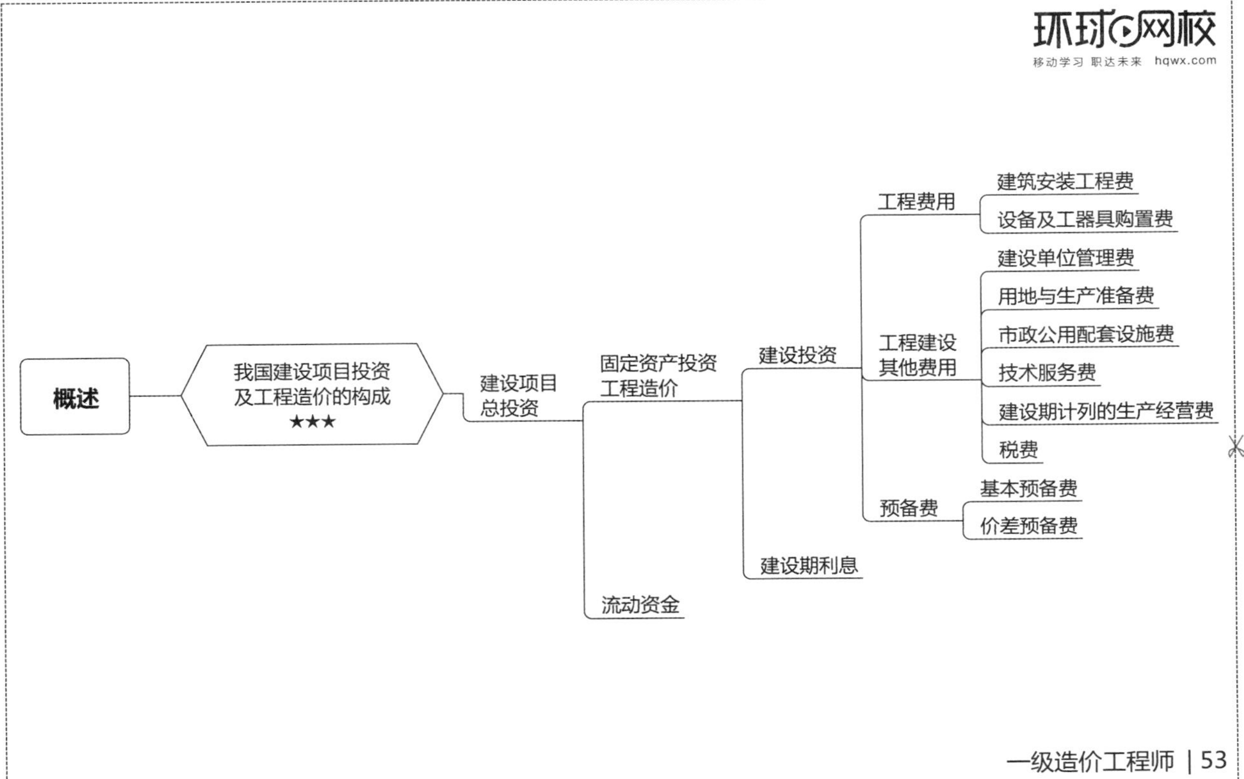
环球网校
移动学习 职达未来 hqwx.com
概述
我国建设项目投资及工程造价的构成
★★★
建设项目总投资
固定资产投资工程造价
流动资金
建设投资
建设期利息
工程费用
工程建设其他费用
预备费
建筑安装工程费
设备及工器具购置费
建设单位管理费
用地与生产准备费
市政公用配套设施费
技术服务费
建设期计列的生产经营费
税费
基本预备费
价差预备费

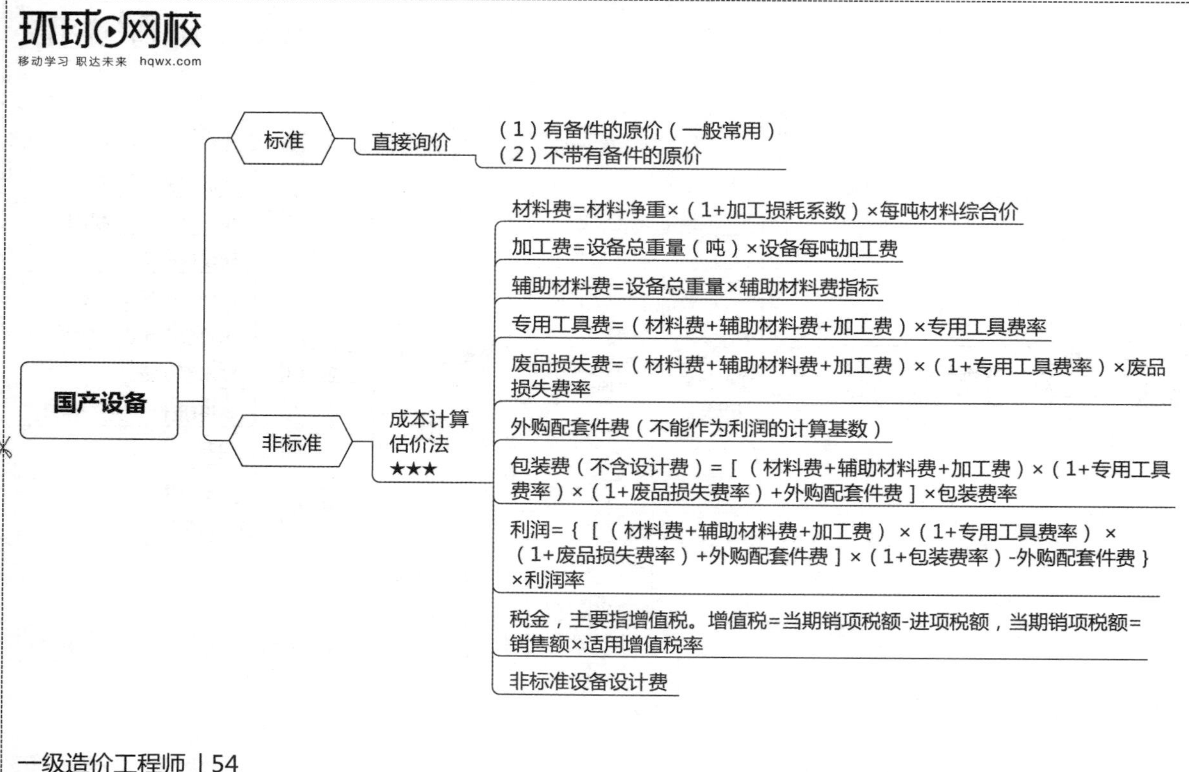
环球网校
移动学习 职达未来 hqwx.com
国产设备
标准
直接询价
（1）有备件的原价（一般常用）
（2）不带有备件的原价
非标准
成本计算估价法★★★
材料费=材料净重×（1+加工损耗系数）×每吨材料综合价
加工费=设备总重量（吨）×设备每吨加工费
辅助材料费=设备总重量×辅助材料费指标
专用工具费=（材料费+辅助材料费+加工费）×专用工具费率
废品损失费=（材料费+辅助材料费+加工费）×（1+专用工具费率）×废品损失费率
外购配套件费（不能作为利润的计算基数）
包装费（不含设计费）=［（材料费+辅助材料费+加工费）×（1+专用工具费率）×（1+废品损失费率）+外购配套件费］×包装费率
利润=｛［（材料费+辅助材料费+加工费）×（1+专用工具费率）×（1+废品损失费率）+外购配套件费］×（1+包装费率）-外购配套件费｝×利润率
税金，主要指增值税。增值税=当期销项税额-进项税额，当期销项税额=销售额×适用增值税率
非标准设备设计费

进口设备

- 交易价格
  - CFR：运费在内价=成本+运费（费用划分与风险转移分界点不一致）
  - FOB：离岸价格（费用划分与风险转移分界点一致）
  - CIF：到岸价格（关税完税价格）=成本+运费+保险费
- 抵岸价★★★
  - 到岸价
    - FOB货价，指离岸价格
    - 国际运费=原币货价（FOB）×运费率=单位运价×运量
    - 运输保险费=[原币货价（FOB）+国际运费+运输保险费]×保险费率={[原币货价（FOB）+国际运费]/(1－保险费率)}×保险费率
  - 进口从属费
    - 银行财务费=离岸价格（FOB）×人民币外汇汇率×银行财务费率
    - 外贸手续费=到岸价格（CIF）×人民币外汇汇率×外贸手续费率
    - 关税=到岸价格（CIF）×人民币外汇汇率×进口关税税率
    - 消费税=（到岸价格（CIF）+关税+消费税）×消费税税率
    - 进口环节增值税=组成计税价格×增值税税率=（关税完税价格+关税+消费税）×增值税税率
    - 进口车辆购置税=（关税完税价格+关税+消费税）×车辆购置税率

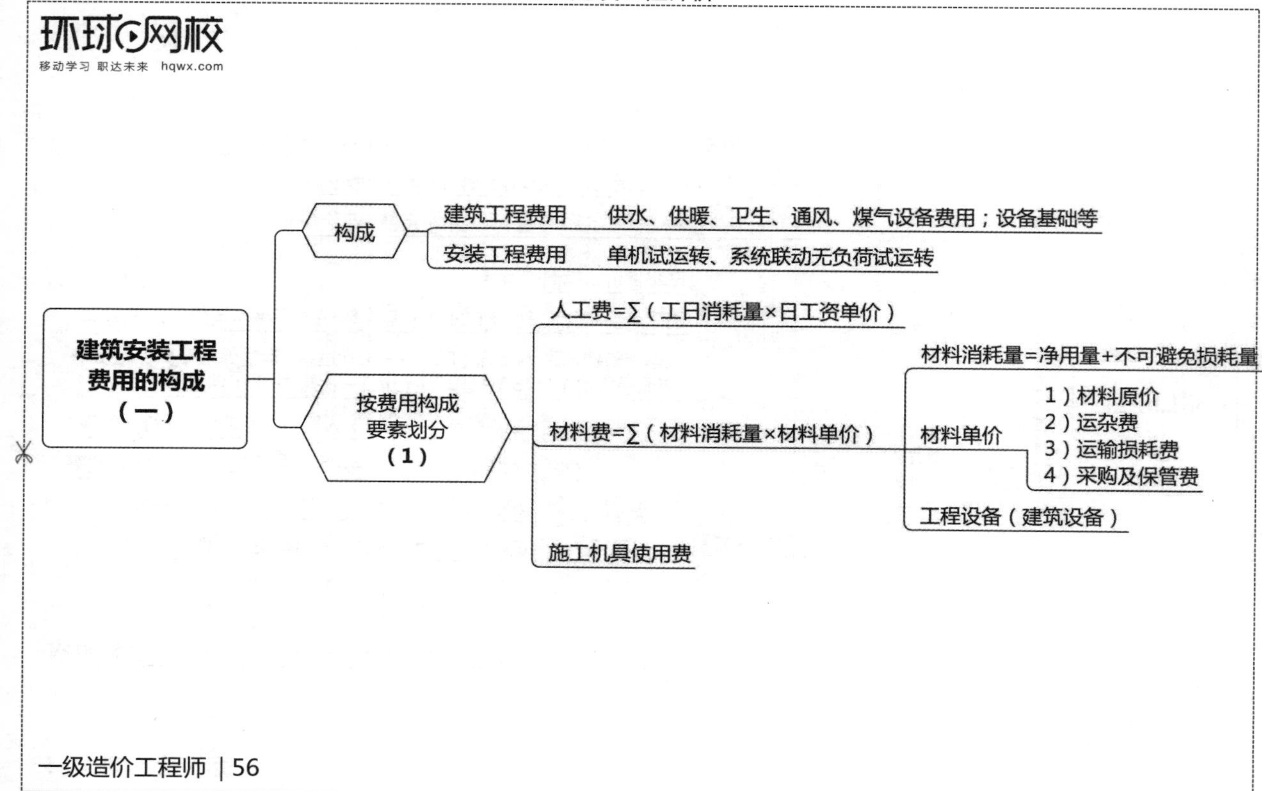
环球网校
移动学习 职达未来 hqwx.com
建筑安装工程费用的构成（一）
构成
建筑工程费用
供水、供暖、卫生、通风、煤气设备费用；设备基础等
安装工程费用
单机试运转、系统联动无负荷试运转
按费用构成要素划分（1）
人工费=∑（工日消耗量×日工资单价）
材料费=∑（材料消耗量×材料单价）
材料消耗量=净用量+不可避免损耗量
材料单价
1）材料原价
2）运杂费
3）运输损耗费
4）采购及保管费
工程设备（建筑设备）
施工机具使用费

建筑安装工程费用的构成(二)

- 按费用构成要素划分(2)★★★
  - 企业管理费
    - 计算基数：直接费、人工费和施工机具使用费之和、人工费为计算基数
    - 包括：①管理人员工资；②办公费；③差旅交通费；④固定资产使用费；⑤工具用具使用费；⑥劳动保险和职工福利费；⑦劳动保护费；⑧检验试验费；⑨工会经费；⑩职工教育经费；⑪财产保险费；⑫财务费；⑬税金；⑭其他
  - 利润
    - 根据企业自身需求并结合建筑市场实际自主确定
  - 规费
    - 社会保险费：养老、失业、医疗、工伤、生育=∑（工程定额人工费×社会保险费费率）
    - 住房公积金=∑（工程定额人工费×住房公积金费率）
  - 税金
    - 一般计税方法（不包含增值税可抵扣进项税额）增值税=税前造价×9%
    - 简易计税方法（包含增值税进项税额）增值税=税前造价×3%

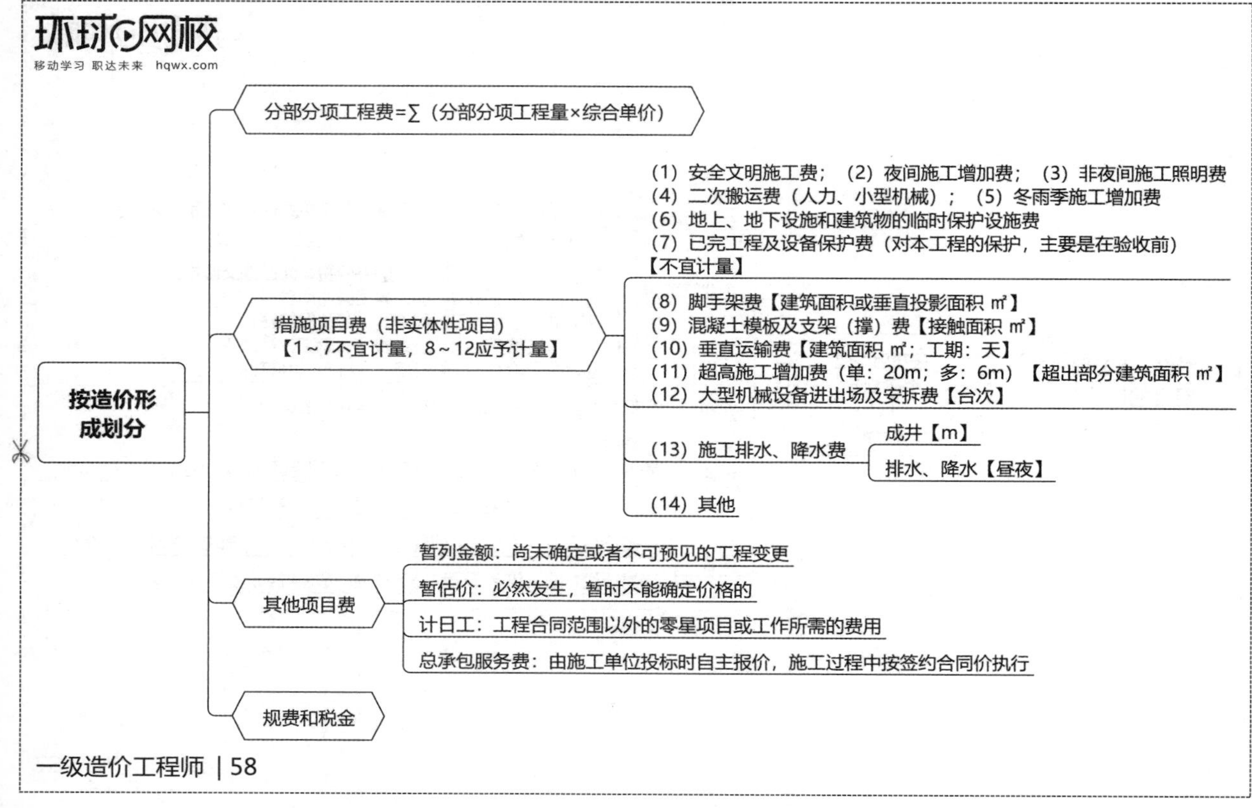
环球网校
移动学习 职达未来 hqwx.com
按造价形成划分
分部分项工程费=∑（分部分项工程量×综合单价）
措施项目费（非实体性项目）【1～7不宜计量，8～12应予计量】
（1）安全文明施工费；（2）夜间施工增加费；（3）非夜间施工照明费
（4）二次搬运费（人力、小型机械）；（5）冬雨季施工增加费
（6）地上、地下设施和建筑物的临时保护设施费
（7）已完工程及设备保护费（对本工程的保护，主要是在验收前）
【不宜计量】
（8）脚手架费【建筑面积或垂直投影面积 ㎡】
（9）混凝土模板及支架（撑）费【接触面积 ㎡】
（10）垂直运输费【建筑面积 ㎡；工期：天】
（11）超高施工增加费（单：20m；多：6m）【超出部分建筑面积 ㎡】
（12）大型机械设备进出场及安拆费【台次】
（13）施工排水、降水费
成井【m】
排水、降水【昼夜】
（14）其他
其他项目费
暂列金额：尚未确定或者不可预见的工程变更
暂估价：必然发生，暂时不能确定价格的
计日工：工程合同范围以外的零星项目或工作所需的费用
总承包服务费：由施工单位投标时自主报价，施工过程中按签约合同价执行
规费和税金

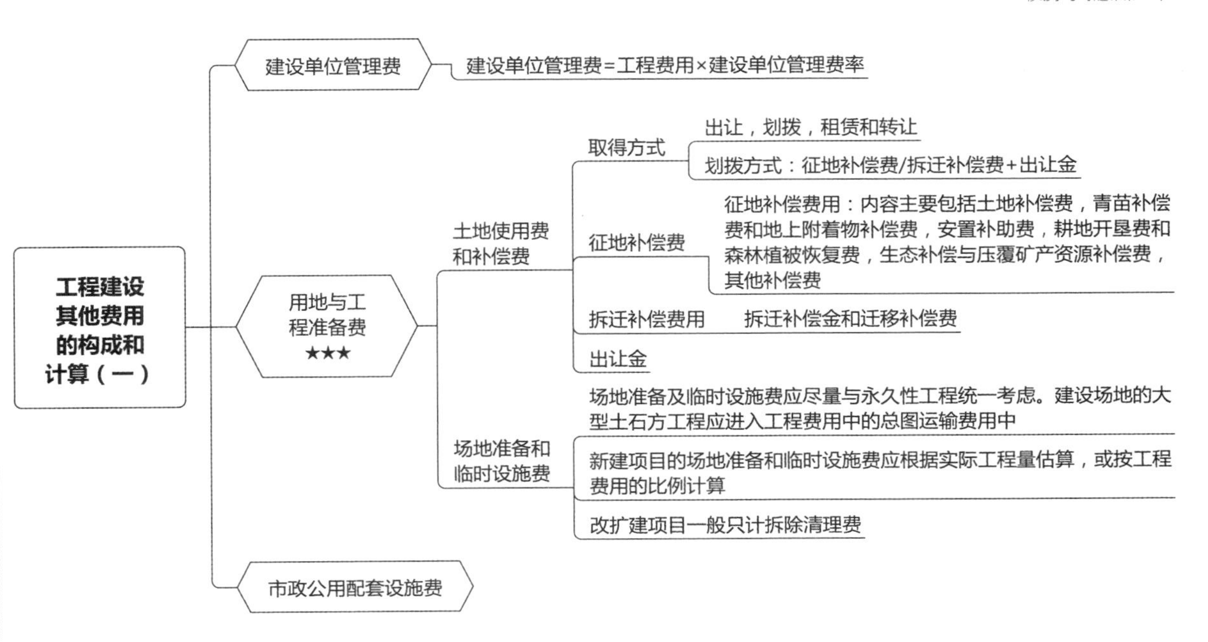
工程建设其他费用的构成和计算（一）
建设单位管理费
建设单位管理费=工程费用×建设单位管理费率
用地与工程准备费
★★★
土地使用费和补偿费
取得方式
出让，划拨，租赁和转让
划拨方式：征地补偿费/拆迁补偿费+出让金
征地补偿费
征地补偿费用：内容主要包括土地补偿费，青苗补偿费和地上附着物补偿费，安置补助费，耕地开垦费和森林植被恢复费，生态补偿与压覆矿产资源补偿费，其他补偿费
拆迁补偿费用
拆迁补偿金和迁移补偿费
出让金
场地准备和临时设施费
场地准备及临时设施费应尽量与永久性工程统一考虑。建设场地的大型土石方工程应进入工程费用中的总图运输费用中
新建项目的场地准备和临时设施费应根据实际工程量估算，或按工程费用的比例计算
改扩建项目一般只计拆除清理费
市政公用配套设施费

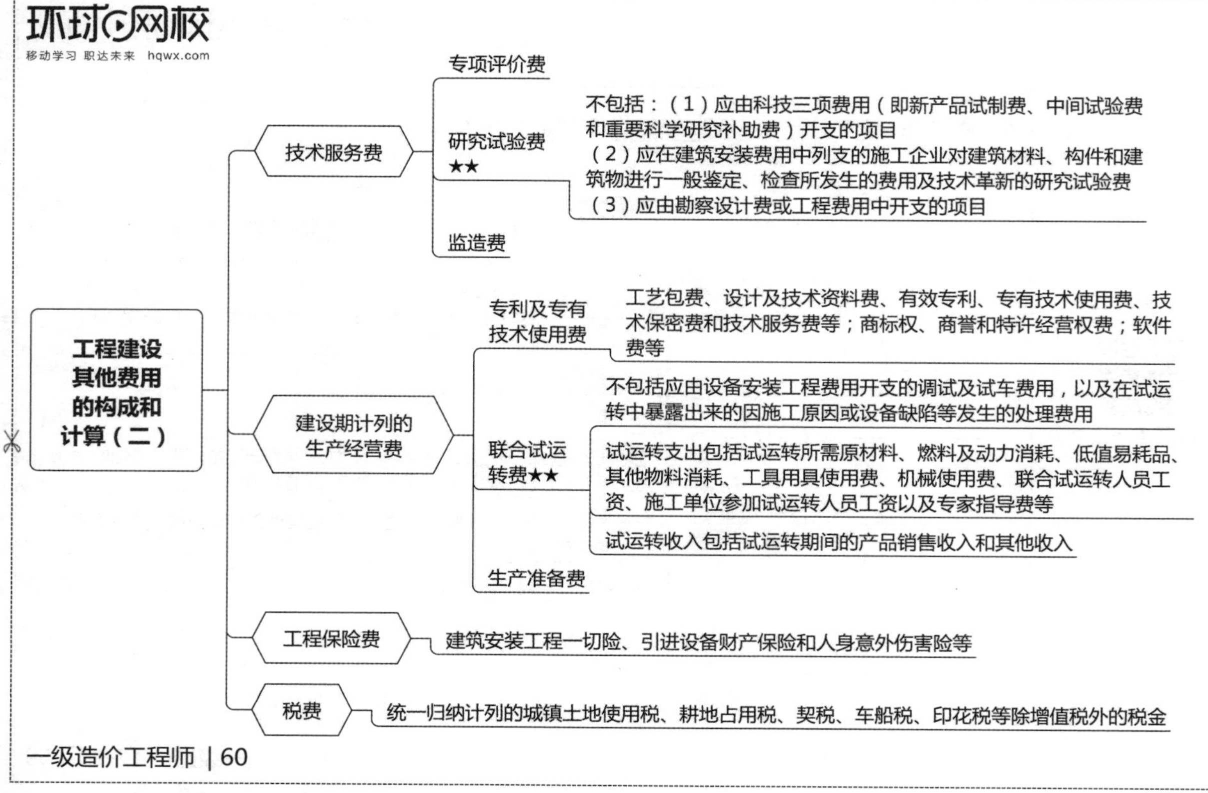
环球网校
移动学习 职达未来 hqwx.com
工程建设其他费用的构成和计算（二）
技术服务费
专项评价费
研究试验费★★
不包括：（1）应由科技三项费用（即新产品试制费、中间试验费和重要科学研究补助费）开支的项目
（2）应在建筑安装费用中列支的施工企业对建筑材料、构件和建筑物进行一般鉴定、检查所发生的费用及技术革新的研究试验费
（3）应由勘察设计费或工程费用中开支的项目
监造费
建设期计列的生产经营费
专利及专有技术使用费
工艺包费、设计及技术资料费、有效专利、专有技术使用费、技术保密费和技术服务费等；商标权、商誉和特许经营权费；软件费等
联合试运转费★★
不包括应由设备安装工程费用开支的调试及试车费用，以及在试运转中暴露出来的因施工原因或设备缺陷等发生的处理费用
试运转支出包括试运转所需原材料、燃料及动力消耗、低值易耗品、其他物料消耗、工具用具使用费、机械使用费、联合试运转人员工资、施工单位参加试运转人员工资以及专家指导费等
试运转收入包括试运转期间的产品销售收入和其他收入
生产准备费
工程保险费
建筑安装工程一切险、引进设备财产保险和人身意外伤害险等
税费
统一归纳计列的城镇土地使用税、耕地占用税、契税、车船税、印花税等除增值税外的税金

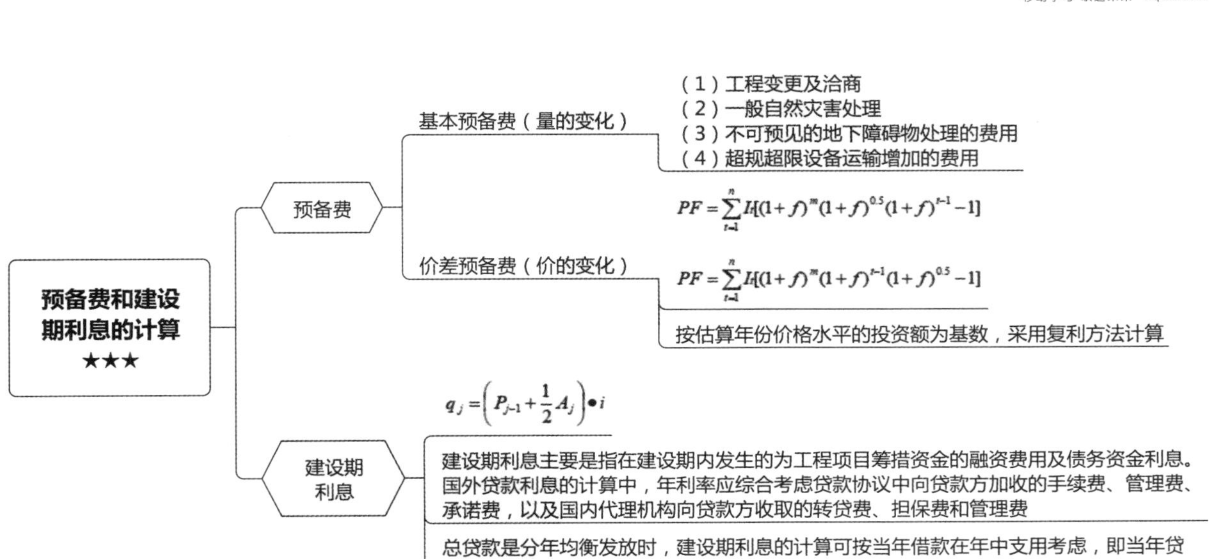
预备费和建设期利息的计算
★★★
预备费
基本预备费（量的变化）
（1）工程变更及洽商
（2）一般自然灾害处理
（3）不可预见的地下障碍物处理的费用
（4）超规超限设备运输增加的费用
$PF=\sum_{t=1}^{n}I_t[(1+f)^m(1+f)^{0.5}(1+f)^{t-1}-1]$
价差预备费（价的变化）
$PF=\sum_{t=1}^{n}I_t[(1+f)^m(1+f)^{t-1}(1+f)^{0.5}-1]$
按估算年份价格水平的投资额为基数，采用复利方法计算
建设期利息
$q_j=\left(P_{j-1}+\frac{1}{2}A_j\right)\bullet i$
建设期利息主要是指在建设期内发生的为工程项目筹措资金的融资费用及债务资金利息。国外贷款利息的计算中，年利率应综合考虑贷款协议中向贷款方加收的手续费、管理费、承诺费，以及国内代理机构向贷款方收取的转贷费、担保费和管理费
总贷款是分年均衡发放时，建设期利息的计算可按当年借款在年中支用考虑，即当年贷款按半年计息，上年贷款按全年计息

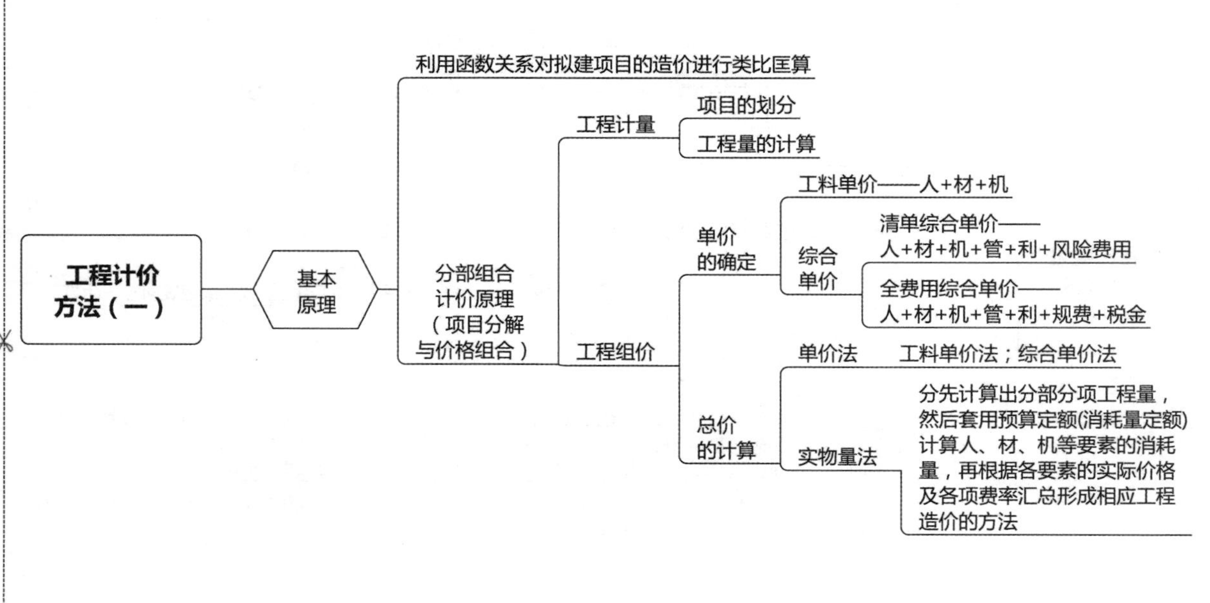
工程计价方法（一）
基本原理
利用函数关系对拟建项目的造价进行类比匡算
分部组合计价原理（项目分解与价格组合）
工程计量
项目的划分
工程量的计算
工程组价
单价的确定
工料单价——人+材+机
综合单价
清单综合单价——人+材+机+管+利+风险费用
全费用综合单价——人+材+机+管+利+规费+税金
总价的计算
单价法
工料单价法；综合单价法
实物量法
分先计算出分部分项工程量，然后套用预算定额(消耗量定额)计算人、材、机等要素的消耗量，再根据各要素的实际价格及各项费率汇总形成相应工程造价的方法

工程计价方法（二）

工程定额体系

分类

按生产要素消耗内容
- （1）劳动消耗定额
- （2）材料消耗定额
- （3）机具消耗定额

按编制程序和用途★★★

	施工定额	预算定额	概算定额	概算指标	投资估算指标
对象	施工过程或基本工序	分项工程或结构构件	扩大的分项工程或扩大的结构构件	单位工程	建设项目、单项工程、单位工程
用途	编制施工预算	编制施工图预算	编制扩大初步设计概算	编制初步设计概算	在项目建议书和可研阶段编制投资估算
项目划分	最细	细	较粗	粗	很粗
定额水平	平均先进	平均			
定额性质	生产性定额	计价性定额			

按专业
- （1）建筑工程定额
- （2）安装工程定额

按主编单位和管理权限
- （1）全国统一定额
- （2）行业统一定额
- （3）地区统一定额
- （4）企业定额（一般应高于国家现行定额）
- （5）补充定额（只能在指定的范围内使用，可以作为以后修订定额的基础）

工程量清单计价方法（一）

工程量清单计价★★★

- 招标工程量清单应由具有编制能力的招标人或受其委托，具有相应资质的工程造价咨询人或招标代理人编制
- 采用工程量清单方式招标，招标工程量清单必须作为招标文件的组成部分，其准确性和完整性由招标人负责
- 范围：使用国有资金投资的建设工程，必须采用工程量清单计价；非国有资金投资的建设工程，宜采用工程量清单计价；不采用工程量清单计价的建设工程，执行计价规范中的其他规定
- 国有资金投资的项目
  - 国有资金投资
    - （1）使用各级财政预算资金的项目
    - （2）使用纳入财政管理的各种政府性专项建设资金的项目
    - （3）使用国有企事业单位自有资金，并且国有资产投资者实际拥有控制权的项目
  - 国家融资资金投资
    - （1）使用国家发行债券所筹资金的项目
    - （2）使用国家对外借款或者担保所筹资金的项目
    - （3）使用国家政策性贷款的项目
    - （4）国家授权投资主体融资的项目
    - （5）国家特许的融资项目
  - 国有资金（含国家融资资金）为主的工程建设项目是指国有资金占投资总额50%以上，或虽不足50%但国有投资者实质上拥有控股权的工程建设项目

工程量清单计价方法（二）

- 分部分项工程项目清单★★★
  - 项目编码：第一级（二位）专业工程代码；第二级（二位）附录分类顺序码；第三级（二位）分部工程顺序码；第四级（三位）分项工程项目名称顺序码；第五级（三位）工程量清单项目名称顺序码
  - 项目名称：结合拟建工程的实际确定
  - 项目特征：编制分部分项工程量清单时，工作内容通常无需描述
  - 计量单位
    - 保留三位：t
    - 保留两位：m³、㎡、m、kg
    - 取整：个、项
  - 工程数量的计算：（1）所有清单项目的工程量应以实体工程量为准，并以完成后的净值计算（2）投标人投标报价时，应在单价中考虑施工中的各种损耗和需要增加的工程量

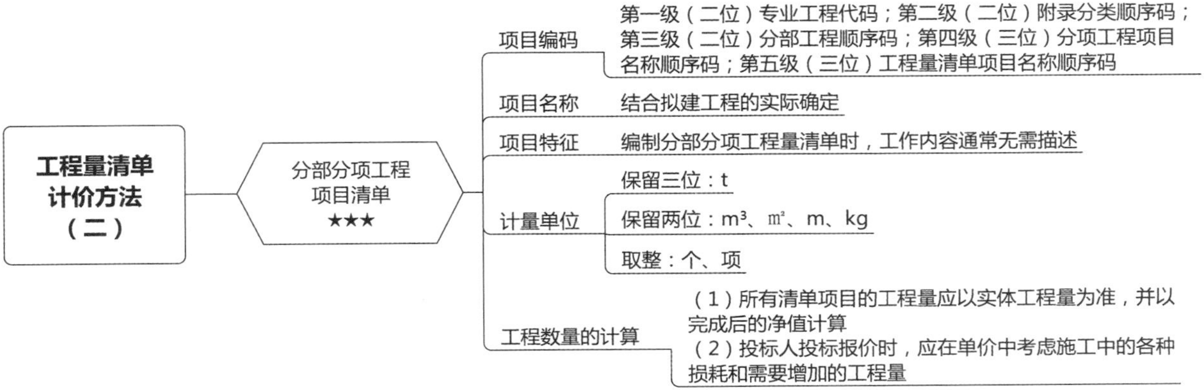

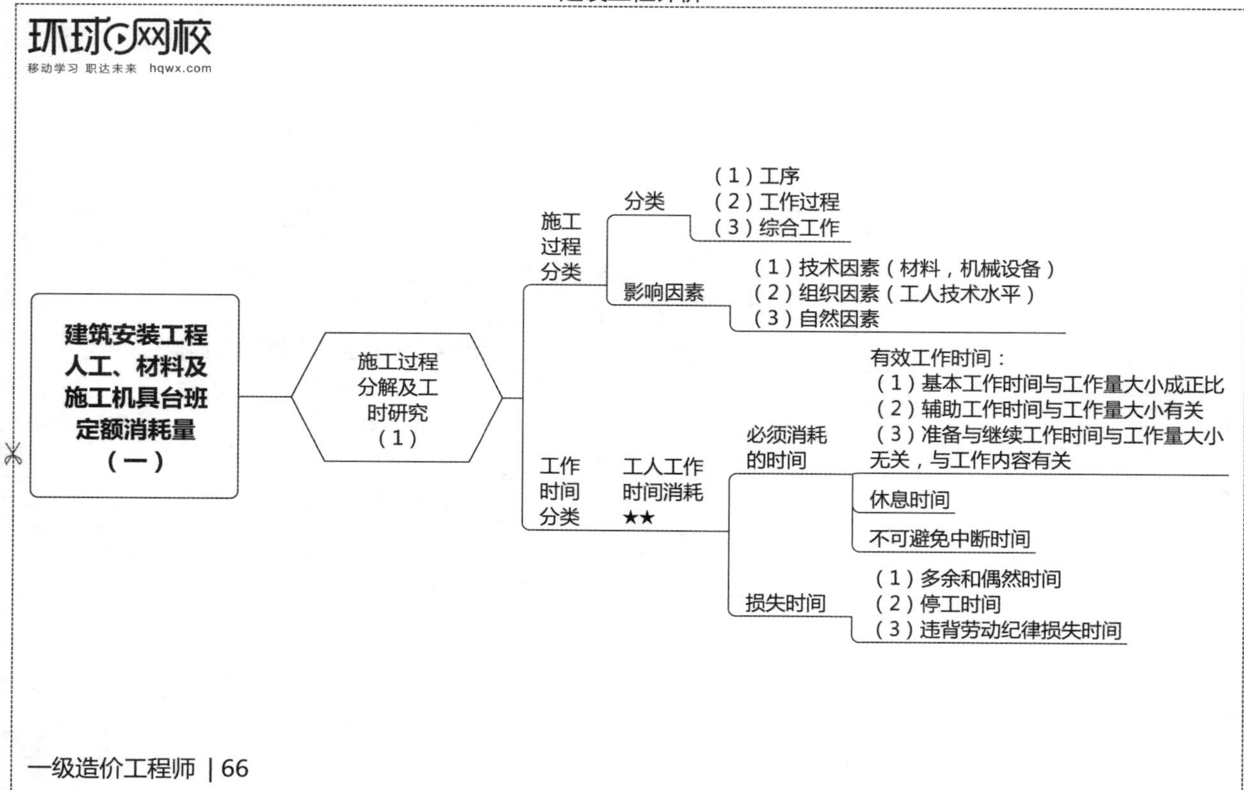
环球网校
移动学习 职达未来 hqwx.com
建筑安装工程人工、材料及施工机具台班定额消耗量（一）
施工过程分解及工时研究（1）
施工过程分类
分类
（1）工序
（2）工作过程
（3）综合工作
影响因素
（1）技术因素（材料，机械设备）
（2）组织因素（工人技术水平）
（3）自然因素
工作时间分类
工人工作时间消耗★★
必须消耗的时间
有效工作时间：
（1）基本工作时间与工作量大小成正比
（2）辅助工作时间与工作量大小有关
（3）准备与继续工作时间与工作量大小无关，与工作内容有关
休息时间
不可避免中断时间
损失时间
（1）多余和偶然时间
（2）停工时间
（3）违背劳动纪律损失时间

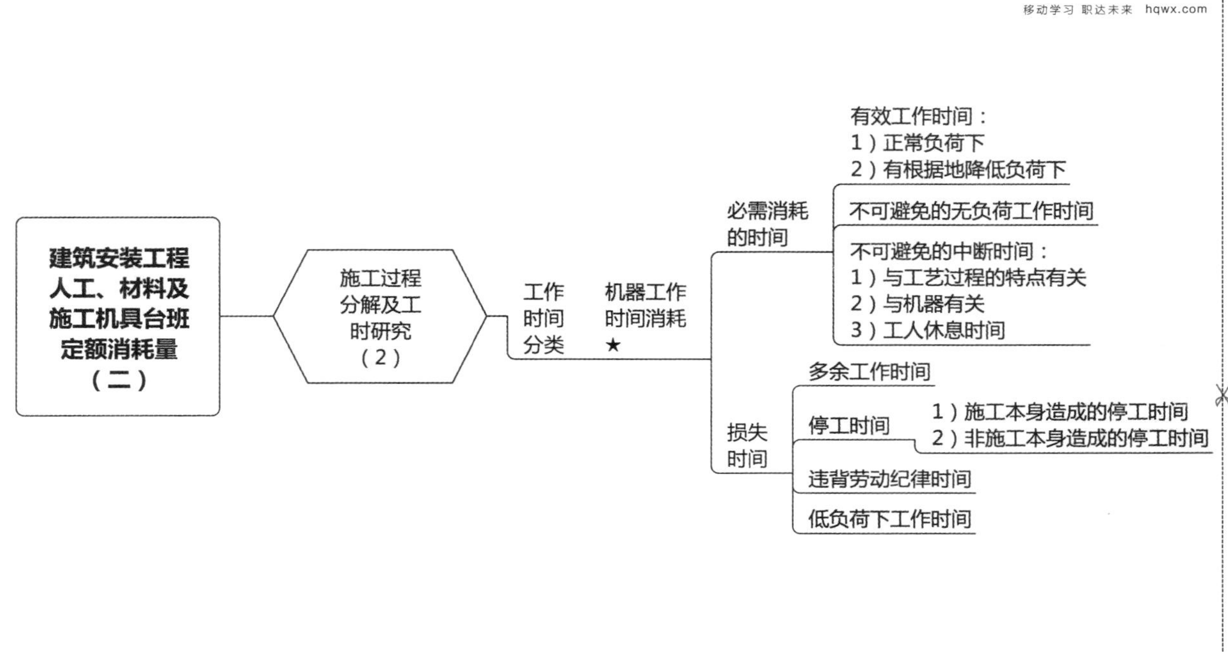
建筑安装工程人工、材料及施工机具台班定额消耗量（二）
施工过程分解及工时研究（2）
工作时间分类
机器工作时间消耗★
必需消耗的时间
有效工作时间：
1）正常负荷下
2）有根据地降低负荷下
不可避免的无负荷工作时间
不可避免的中断时间：
1）与工艺过程的特点有关
2）与机器有关
3）工人休息时间
损失时间
多余工作时间
停工时间
1）施工本身造成的停工时间
2）非施工本身造成的停工时间
违背劳动纪律时间
低负荷下工作时间

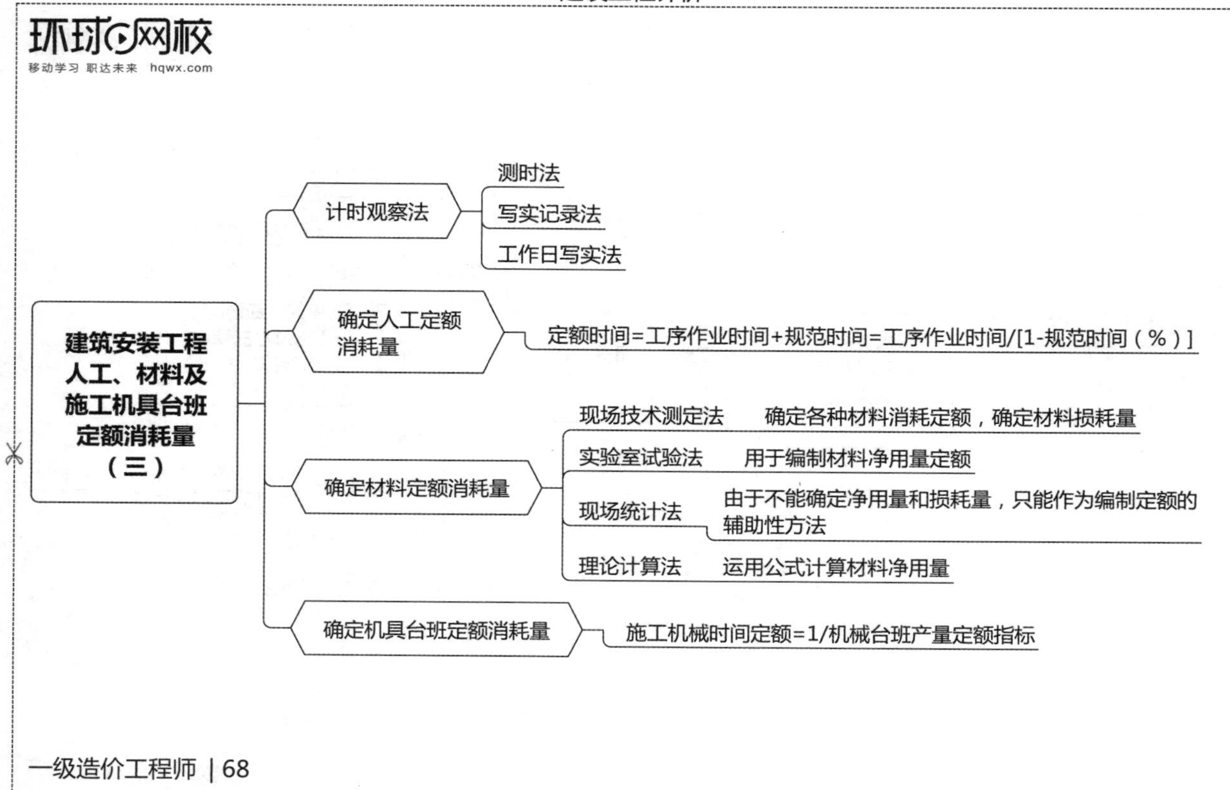
环球网校
移动学习 职达未来 hqwx.com
建筑安装工程人工、材料及施工机具台班定额消耗量（三）
计时观察法
测时法
写实记录法
工作日写实法
确定人工定额消耗量
定额时间=工序作业时间+规范时间=工序作业时间/[1-规范时间（%）]
确定材料定额消耗量
现场技术测定法
确定各种材料消耗定额，确定材料损耗量
实验室试验法
用于编制材料净用量定额
现场统计法
由于不能确定净用量和损耗量，只能作为编制定额的辅助性方法
理论计算法
运用公式计算材料净用量
确定机具台班定额消耗量
施工机械时间定额=1/机械台班产量定额指标

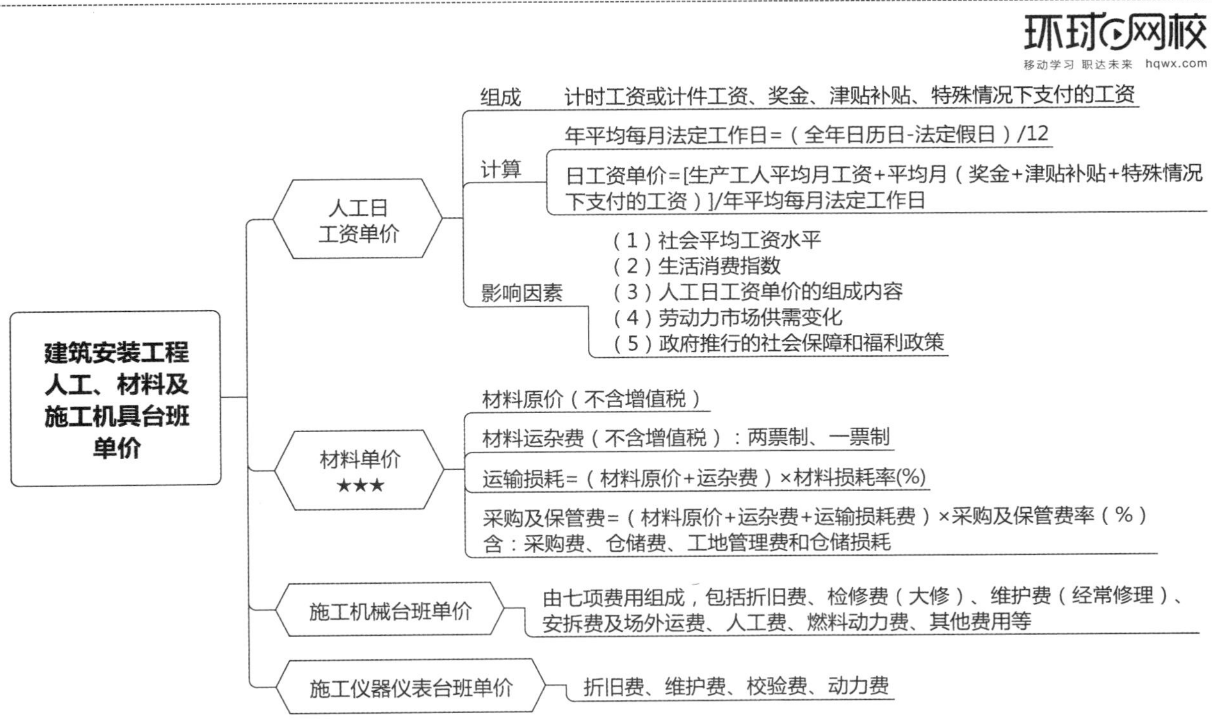
环球网校
移动学习 职达未来 hqwx.com
建筑安装工程人工、材料及施工机具台班单价
人工日工资单价
组成
计时工资或计件工资、奖金、津贴补贴、特殊情况下支付的工资
计算
年平均每月法定工作日=（全年日历日-法定假日）/12
日工资单价=[生产工人平均月工资+平均月（奖金+津贴补贴+特殊情况下支付的工资）]/年平均每月法定工作日
影响因素
（1）社会平均工资水平
（2）生活消费指数
（3）人工日工资单价的组成内容
（4）劳动力市场供需变化
（5）政府推行的社会保障和福利政策
材料单价★★★
材料原价（不含增值税）
材料运杂费（不含增值税）：两票制、一票制
运输损耗=（材料原价+运杂费）×材料损耗率(%)
采购及保管费=（材料原价+运杂费+运输损耗费）×采购及保管费率（%）
含：采购费、仓储费、工地管理费和仓储损耗
施工机械台班单价
由七项费用组成，包括折旧费、检修费（大修）、维护费（经常修理）、安拆费及场外运费、人工费、燃料动力费、其他费用等
施工仪器仪表台班单价
折旧费、维护费、校验费、动力费

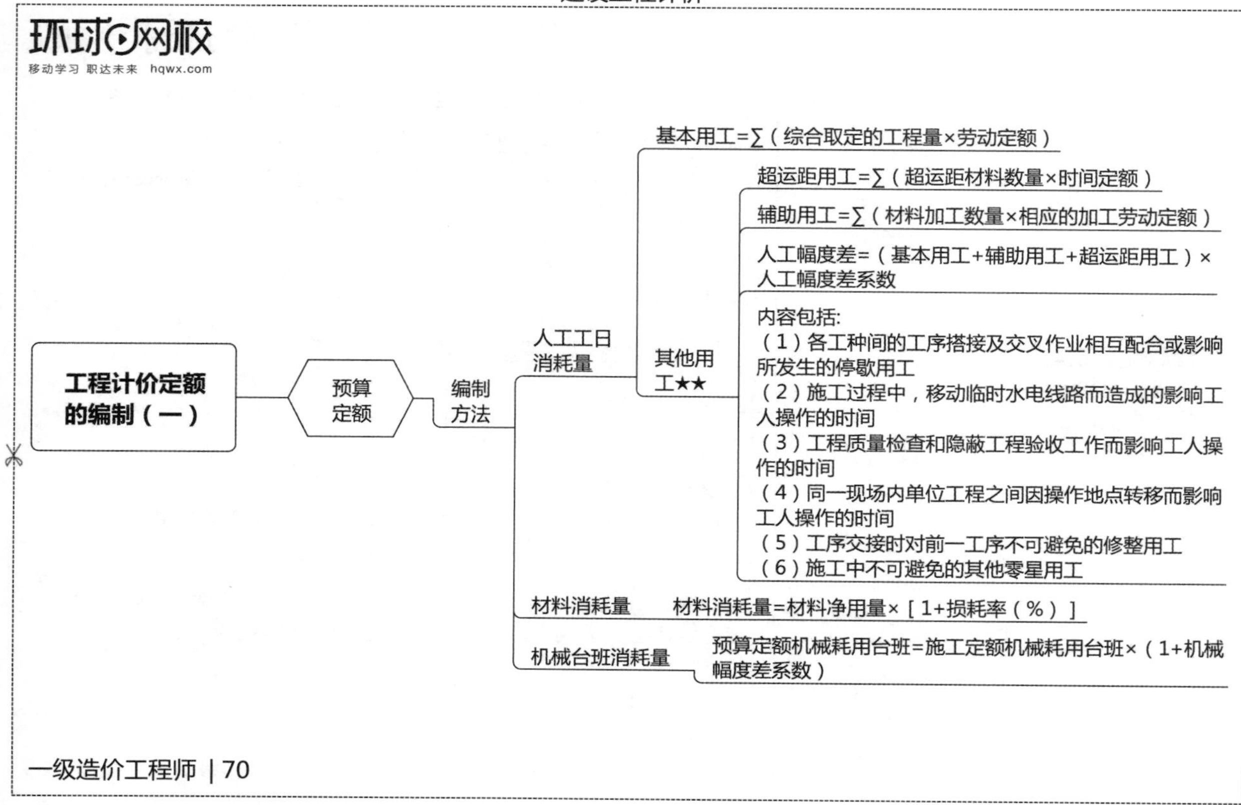
环球网校
移动学习 职达未来 hqwx.com
工程计价定额的编制（一）
预算定额
编制方法
人工工日消耗量
基本用工=∑（综合取定的工程量×劳动定额）
其他用工★★
超运距用工=∑（超运距材料数量×时间定额）
辅助用工=∑（材料加工数量×相应的加工劳动定额）
人工幅度差=（基本用工+辅助用工+超运距用工）×人工幅度差系数
内容包括:
（1）各工种间的工序搭接及交叉作业相互配合或影响所发生的停歇用工
（2）施工过程中，移动临时水电线路而造成的影响工人操作的时间
（3）工程质量检查和隐蔽工程验收工作而影响工人操作的时间
（4）同一现场内单位工程之间因操作地点转移而影响工人操作的时间
（5）工序交接时对前一工序不可避免的修整用工
（6）施工中不可避免的其他零星用工
材料消耗量
材料消耗量=材料净用量×［1+损耗率（%）］
机械台班消耗量
预算定额机械耗用台班=施工定额机械耗用台班×（1+机械幅度差系数）

工程计价定额的编制（二）

- 概算定额
  - 概算定额，是在预算定额基础上，确定完成合格的单位扩大分项工程或单位扩大结构构件所需消耗的人工、材料和施工机具台班的数量标准及其费用标准
  - 与预算定额差异——项目划分和综合扩大程度
- 概算指标
  - 建筑安装工程概算指标通常是以单位工程为对象，以建筑面积、体积或成套设备装置的台或组为计量单位而规定的人工、材料、机械台班的消耗量标准和造价指标
  - 确定消耗量指标对象不同
    - 概算定额——单位扩大分项工程或单位扩大结构构件
    - 概算指标——单位工程
  - 确定消耗量指标依据不同
    - 概算定额——以预算定额为基础
    - 概算指标——根据已完工程资料编制
- 投资估算指标★
  - 建设项目综合指标——列入项目总投资的从立项筹建到竣工验收交付使用的全部投资额
    - 单项工程投资
    - 工程建设其他费用
    - 预备费
  - 单项工程指标——能独立发挥生产能力或使用效益的单项工程内的全部投资额
    - 工程费用
    - 可能包含的其他费用
  - 单位工程指标——能独立设计、施工的工程项目的费用
    - 建筑安装工程费

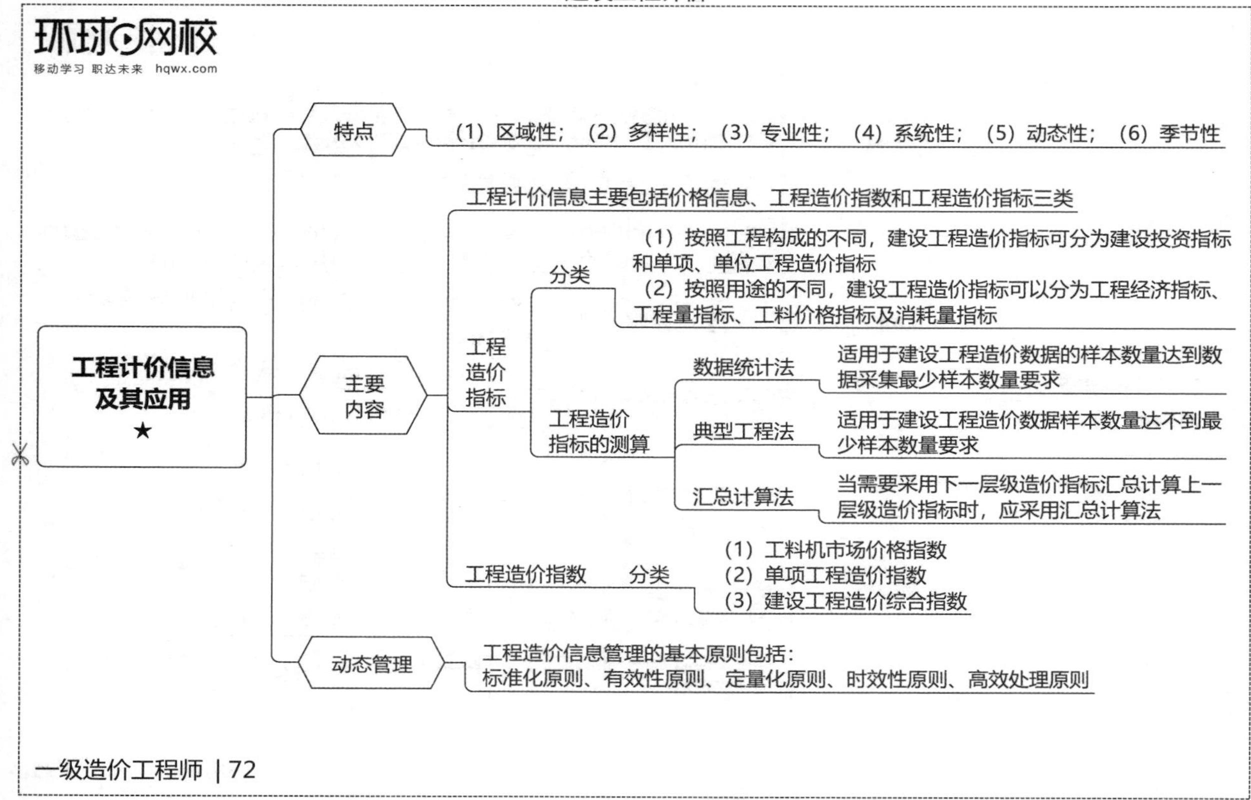
环球网校
移动学习 职达未来 hqwx.com
工程计价信息及其应用★
特点
(1) 区域性; (2) 多样性; (3) 专业性; (4) 系统性; (5) 动态性; (6) 季节性
主要内容
工程计价信息主要包括价格信息、工程造价指数和工程造价指标三类
工程造价指标
分类
(1) 按照工程构成的不同，建设工程造价指标可分为建设投资指标和单项、单位工程造价指标
(2) 按照用途的不同，建设工程造价指标可以分为工程经济指标、工程量指标、工料价格指标及消耗量指标
工程造价指标的测算
数据统计法
适用于建设工程造价数据的样本数量达到数据采集最少样本数量要求
典型工程法
适用于建设工程造价数据样本数量达不到最少样本数量要求
汇总计算法
当需要采用下一层级造价指标汇总计算上一层级造价指标时，应采用汇总计算法
工程造价指数
分类
(1) 工料机市场价格指数
(2) 单项工程造价指数
(3) 建设工程造价综合指数
动态管理
工程造价信息管理的基本原则包括:
标准化原则、有效性原则、定量化原则、时效性原则、高效处理原则

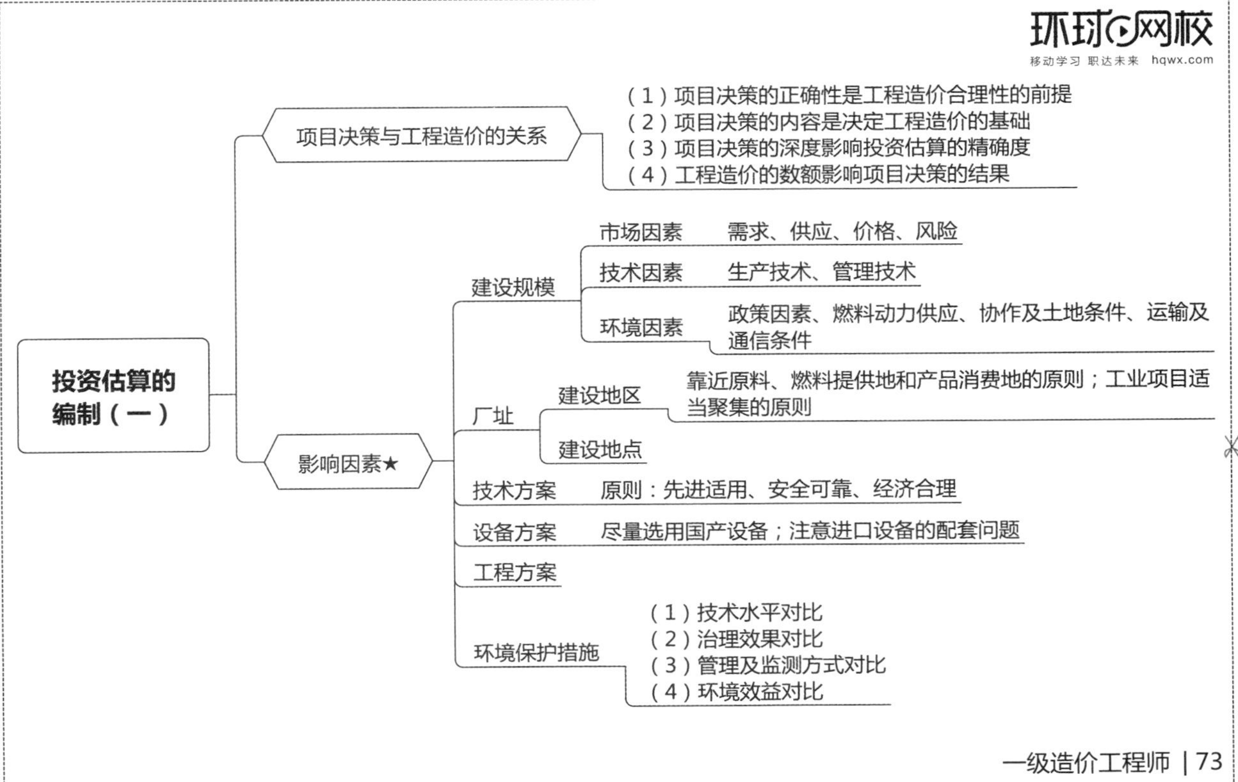
环球网校
移动学习 职达未来 hqwx.com
投资估算的编制（一）
项目决策与工程造价的关系
（1）项目决策的正确性是工程造价合理性的前提
（2）项目决策的内容是决定工程造价的基础
（3）项目决策的深度影响投资估算的精确度
（4）工程造价的数额影响项目决策的结果
影响因素★
建设规模
市场因素
需求、供应、价格、风险
技术因素
生产技术、管理技术
环境因素
政策因素、燃料动力供应、协作及土地条件、运输及通信条件
厂址
建设地区
靠近原料、燃料提供地和产品消费地的原则；工业项目适当聚集的原则
建设地点
技术方案
原则：先进适用、安全可靠、经济合理
设备方案
尽量选用国产设备；注意进口设备的配套问题
工程方案
环境保护措施
（1）技术水平对比
（2）治理效果对比
（3）管理及监测方式对比
（4）环境效益对比

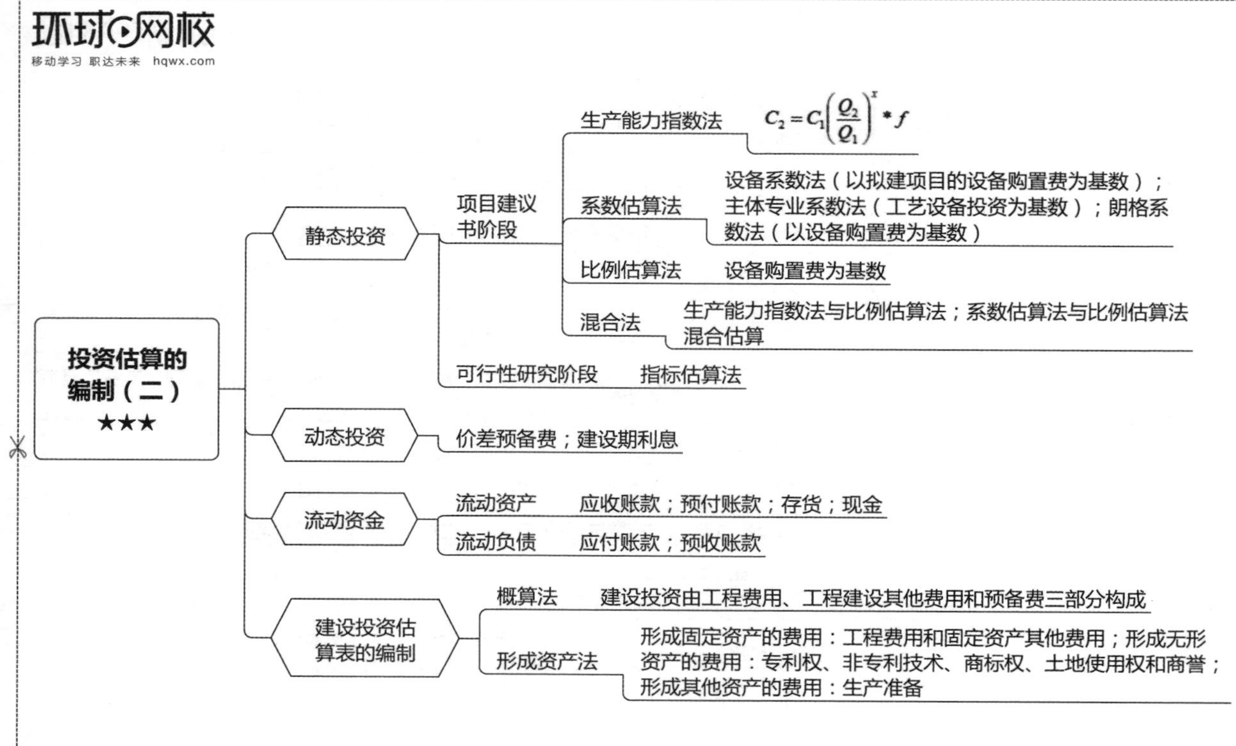
环球网校
移动学习 职达未来 hqwx.com
投资估算的编制（二）★★★
静态投资
项目建议书阶段
生产能力指数法
$C_2=C_1\left(\frac{Q_2}{Q_1}\right)^x * f$
系数估算法
设备系数法（以拟建项目的设备购置费为基数）；主体专业系数法（工艺设备投资为基数）；朗格系数法（以设备购置费为基数）
比例估算法
设备购置费为基数
混合法
生产能力指数法与比例估算法；系数估算法与比例估算法混合估算
可行性研究阶段
指标估算法
动态投资
价差预备费；建设期利息
流动资金
流动资产
应收账款；预付账款；存货；现金
流动负债
应付账款；预收账款
建设投资估算表的编制
概算法
建设投资由工程费用、工程建设其他费用和预备费三部分构成
形成资产法
形成固定资产的费用：工程费用和固定资产其他费用；形成无形资产的费用：专利权、非专利技术、商标权、土地使用权和商誉；形成其他资产的费用：生产准备

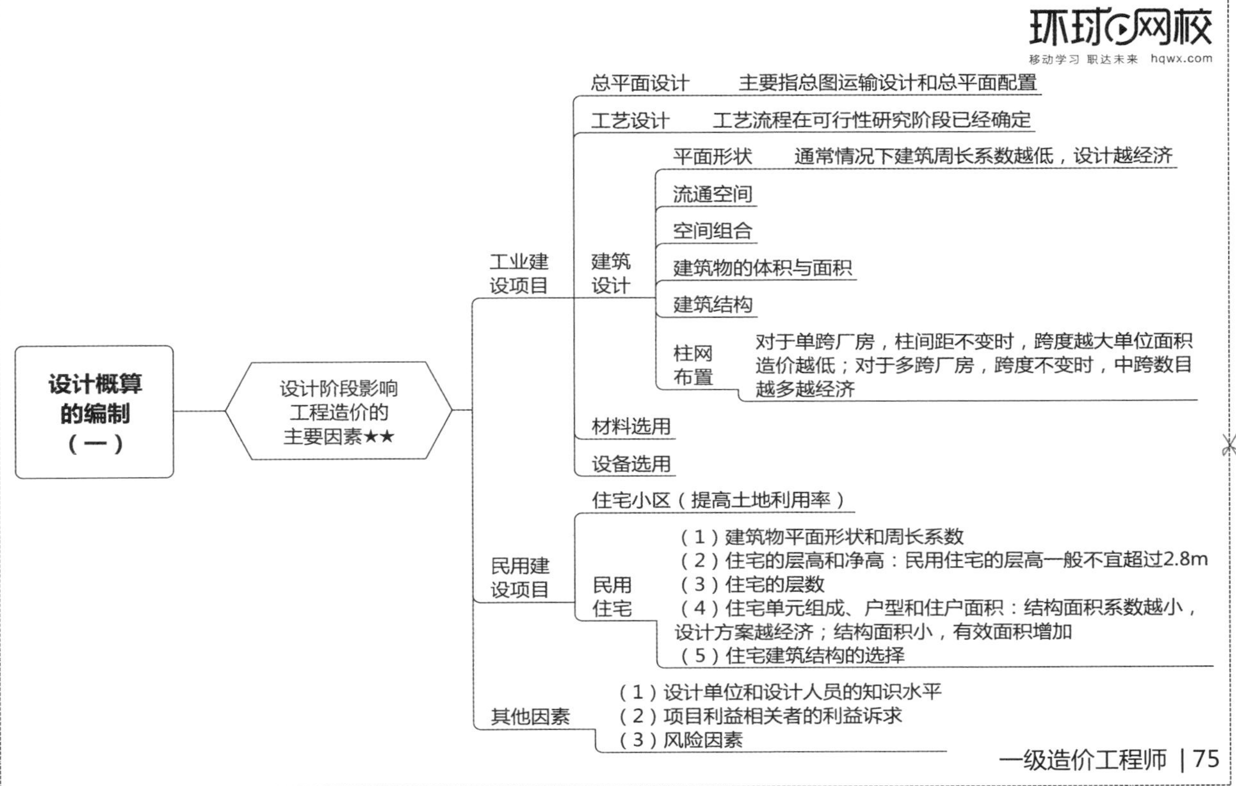

环球网校
移动学习 职达未来 hqwx.com
设计概算的编制（一）
设计阶段影响工程造价的主要因素★★
工业建设项目
总平面设计
主要指总图运输设计和总平面配置
工艺设计
工艺流程在可行性研究阶段已经确定
建筑设计
平面形状
通常情况下建筑周长系数越低，设计越经济
流通空间
空间组合
建筑物的体积与面积
建筑结构
柱网布置
对于单跨厂房，柱间距不变时，跨度越大单位面积造价越低；对于多跨厂房，跨度不变时，中跨数目越多越经济
材料选用
设备选用
民用建设项目
住宅小区（提高土地利用率）
民用住宅
（1）建筑物平面形状和周长系数
（2）住宅的层高和净高：民用住宅的层高一般不宜超过2.8m
（3）住宅的层数
（4）住宅单元组成、户型和住户面积：结构面积系数越小，设计方案越经济；结构面积小，有效面积增加
（5）住宅建筑结构的选择
其他因素
（1）设计单位和设计人员的知识水平
（2）项目利益相关者的利益诉求
（3）风险因素

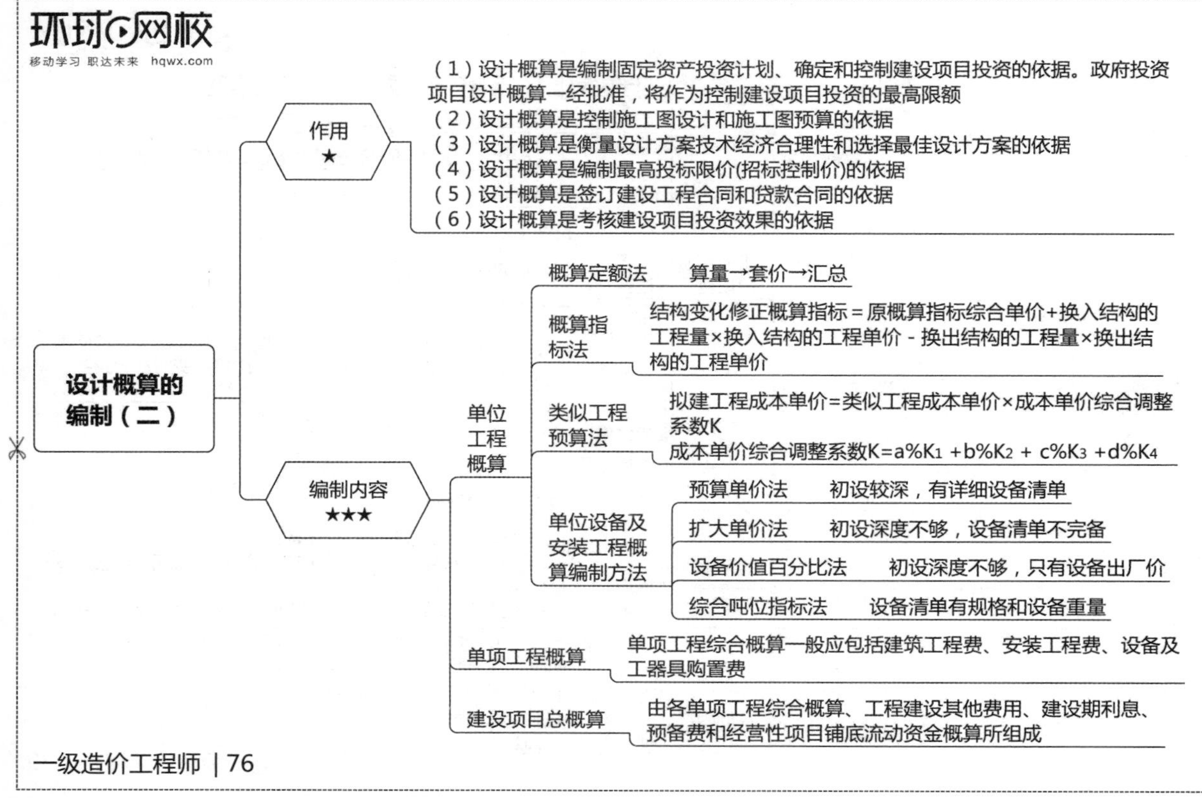
环球网校
移动学习 职达未来 hqwx.com
设计概算的编制（二）
作用 ★
（1）设计概算是编制固定资产投资计划、确定和控制建设项目投资的依据。政府投资项目设计概算一经批准，将作为控制建设项目投资的最高限额
（2）设计概算是控制施工图设计和施工图预算的依据
（3）设计概算是衡量设计方案技术经济合理性和选择最佳设计方案的依据
（4）设计概算是编制最高投标限价(招标控制价)的依据
（5）设计概算是签订建设工程合同和贷款合同的依据
（6）设计概算是考核建设项目投资效果的依据
编制内容 ★★★
单位工程概算
概算定额法
算量→套价→汇总
概算指标法
结构变化修正概算指标＝原概算指标综合单价＋换入结构的工程量×换入结构的工程单价－换出结构的工程量×换出结构的工程单价
类似工程预算法
拟建工程成本单价＝类似工程成本单价×成本单价综合调整系数K
成本单价综合调整系数$K=a\%K_1+b\%K_2+c\%K_3+d\%K_4$
单位设备及安装工程概算编制方法
预算单价法
初设较深，有详细设备清单
扩大单价法
初设深度不够，设备清单不完备
设备价值百分比法
初设深度不够，只有设备出厂价
综合吨位指标法
设备清单有规格和设备重量
单项工程概算
单项工程综合概算一般应包括建筑工程费、安装工程费、设备及工器具购置费
建设项目总概算
由各单项工程综合概算、工程建设其他费用、建设期利息、预备费和经营性项目铺底流动资金概算所组成

施工图预算的编制（一）

- 作用★
  - 投资方
    - （1）施工图预算是设计阶段控制工程造价的重要环节，是控制施工图设计不突破设计概算的重要措施
    - （2）施工图预算是控制造价及资金合理使用的依据
    - （3）施工图预算是确定工程招标控制价的依据
    - （4）施工图预算可以作为确定合同价款、拨付工程进度款及办理工程结算的基础
  - 施工企业
    - （1）施工图预算是建筑施工企业投标报价的基础
    - （2）施工图预算是建筑工程预算包干的依据和签订施工合同的主要内容
    - （3）施工图预算是施工企业安排调配施工力量、组织材料供应的依据
    - （4）施工图预算是施工企业控制工程成本的依据
  - 其他方面
    - （1）工程咨询单位
    - （2）工程造价管理部门
    - （3）施工图预算还是有关仲裁、管理、司法机关按照法律程序处理、解决问题的依据
- 组成
  - 三级预算　建设项目总预算、单项工程综合预算、单位工程预算
  - 二级预算　建设项目总预算、单位工程预算
- 内容
  - 建设项目总投资——建设投资、建设期利息、铺底流动资金
  - 单项工程综合预算——建筑安装工程费、设备及工器具购置费
  - 单位工程预算——单位建筑工程预算、单位设备及安装工程预算

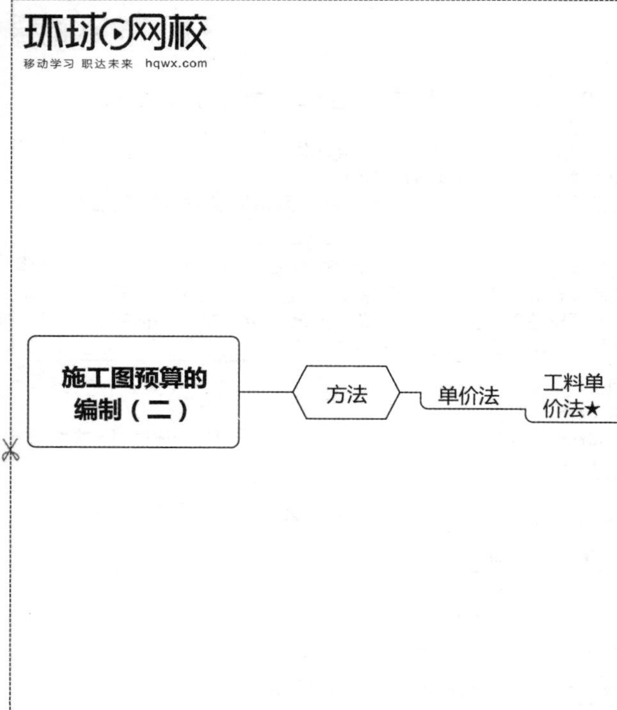

（1）准备工作。准备工作阶段应主要完成以下工作内容：①收集编制施工图预算的编制依据，其中主要包括现行建筑安装定额、取费标准、工程量计算规则、地区材料预算价格以及市场材料价格等各种资料；②熟悉施工图等基础资料；③了解施工组织设计和施工现场情况

（2）列项并计算工程量。工程量应遵循一定的顺序逐项计算，避免漏算和重算：①根据工程内容和定额项目，列出需计算工程量的分项工程；②根据一定的计算顺序和计算规则，列出分项工程量的计算式；③根据施工图纸上的设计尺寸及有关数据，代入计算式进行数值计算；④对计算结果的计量单位进行调整，使之与定额中相应的分项工程的计量单位保持一致

（3）套用定额预算单价，计算直接费。计算直接费时需要注意以下几个问题：①分项工程的名称、规格、计量单位与预算单价或单位估价表中所列内容完全一致时，可以直接套用预算单价；②分项工程的主要材料品种与预算单价或单位估价表中规定材料不一致时，不可以直接套用预算单价，需要按实际使用材料价格换算预算单价；③分项工程施工工艺条件与预算单价或单位估价表不一致而造成人工、机械的数量增减时，一般调量不调价

（4）编制工料分析表。将各分项工程工料消耗量加以汇总，得出单位工程人工、材料的消耗数量

（5）计算主材费并调整直接费。主材费计算的依据是当时当地的市场价格

（6）按计价程序计取其他费用，并汇总造价

（7）复核

（8）填写封面、编制说明

招标工程量清单与最高投标限价的编制（一）

- 招标文件
  - 编写
    - 内容：招标公告（或投标邀请书）；投标人须知；评标办法；合同条款及格式；工程量清单（招标控制价）；图纸；技术标准和要求；投标文件格式；规定的其他材料
    - 当进行资格预审时，招标文件中应包括投标邀请书，该邀请书可代替资格预审通过通知书
    - 投标人须知中的未尽事宜可以通过“投标人须知前附表”进行进一步明确，并不得与投标人须知正文的内容相抵触
  - 澄清
    - 投标截止时间15天前，以书面形式发给所有投标人，但澄清不指名问题的来源

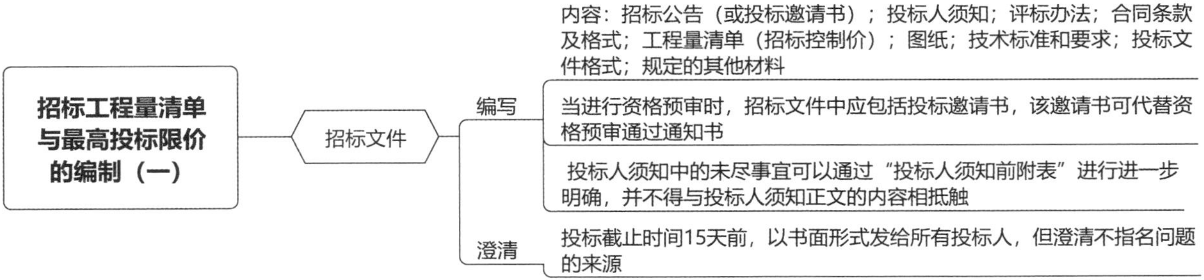

招标工程量清单与最高投标限价的编制（二）

招标工程量清单★★

分部分项工程项目清单

（1）项目编码。同一工程项目不得有重码

（2）项目名称。结合拟建工程的实际确定

（3）项目特征描述：

1）结合拟建工程的实际，满足确定综合单价的需要

2）若全部或部分满足项目特征描述的要求，项目特征描述可直接采用“详见××图集”或“××图号”的方式。不能满足特征描述部分，仍应用文字描述

（4）计量单位。当附录中有两个或两个以上计量单位的，应结合拟建工程项目的实际选择其中一个确定

（5）工程量的计算

措施项目清单

- 可精确计算工程量　　分部分项工程和单价措施项目清单与计价表
- 不可精确计算工程量　　总价措施项目清单与计价表

其他项目清单

- 暂列金额　　招标人支配，应分别列项
- 暂估价　　必然要发生
- 计日工　　一定要给出暂定数量
- 总承包服务费　　按照投标人的投标报价支付

招标工程量清单与最高投标限价的编制（三）

- 招标控制价（1）
  - 关系
    - 设标底招标
      - 1）易发生泄露标底及暗箱操作
      - 2）易与市场造价水平脱节
      - 3）成为左右工程造价杠杆
      - 4）导致投标人迎合标底
    - 无标底招标
      - 1）容易出现围标串标，各投标人哄抬价格
      - 2）容易出现低价中标偷工减料，或先低价中标后高额索赔
      - 3）招标人没有参考依据和评判基准
  - 规定★
    - 1）国有资金投资项目应实行工程量清单招标，招标人应编制招标控制价。报价超过招标控制价，应被否决
    - 2）工程造价咨询人不得同时接受招标人和投标人对同一工程的招标控制价和投标报价的编制
    - 3）招标控制价应在招标文件中公布，不得进行上浮或下调。应公布招标控制价的总价，以及各单位工程的分部分项工程费、措施项目费、其他项目费、规费和税金
    - 4）招标控制价超过批准的概算时，应报原概算审批部门审核
    - 5）未按规定进行编制的，应在招标控制价公布后5天内向招标投标监督机构和工程造价管理机构投诉。误差 > ±3%时，应责成招标人改正
    - 6）招标控制价及有关资料报送工程造价管理机构备案

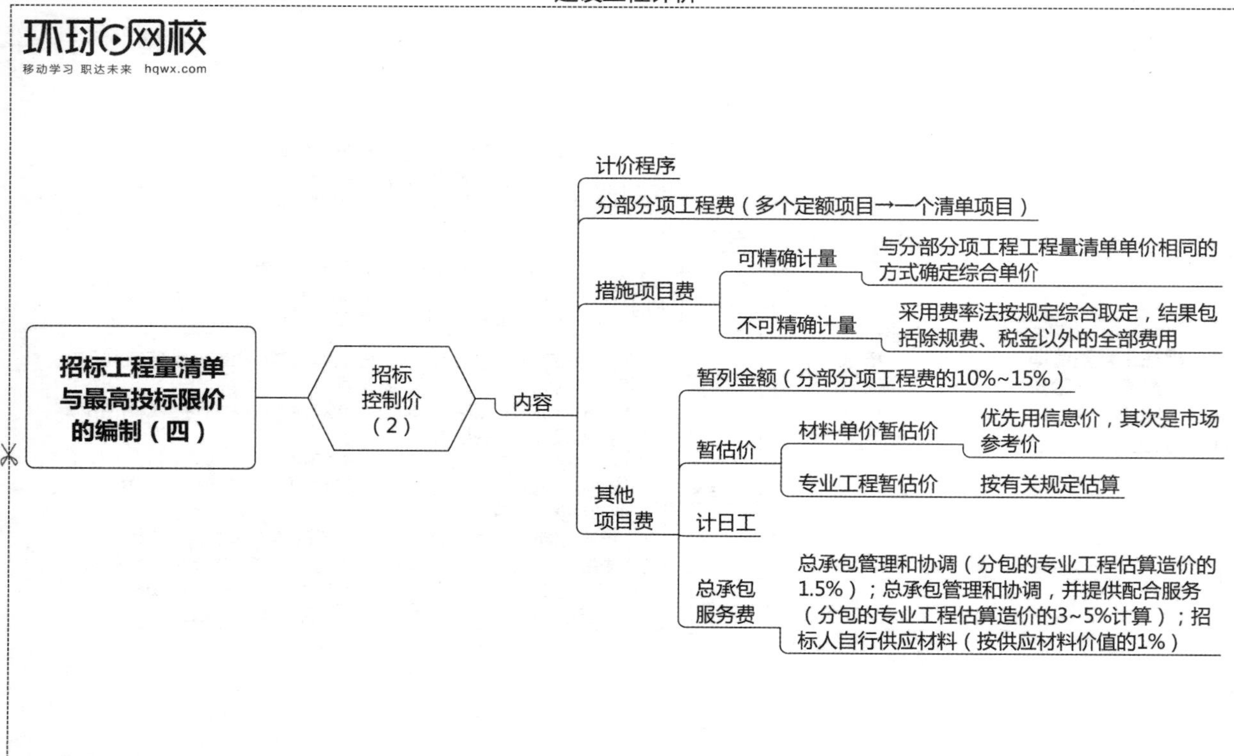
环球网校
移动学习 职达未来 hqwx.com
招标工程量清单与最高投标限价的编制（四）
招标控制价（2）
内容
计价程序
分部分项工程费（多个定额项目→一个清单项目）
措施项目费
可精确计量
与分部分项工程工程量清单单价相同的方式确定综合单价
不可精确计量
采用费率法按规定综合取定，结果包括除规费、税金以外的全部费用
其他项目费
暂列金额（分部分项工程费的10%~15%）
暂估价
材料单价暂估价
优先用信息价，其次是市场参考价
专业工程暂估价
按有关规定估算
计日工
总承包服务费
总承包管理和协调（分包的专业工程估算造价的1.5%）；总承包管理和协调，并提供配合服务（分包的专业工程估算造价的3~5%计算）；招标人自行供应材料（按供应材料价值的1%）

招标报价的编制（一）

- 投标报价前期工作
- 询价与工程量复核
  - 询价
  - 复核工程量
    - 即使复核有误，投标人也不能修改工程量清单中的工程量
    - 对于存在的错误，可以向招标人提出，由招标人统一修改并把修改情况通知所有投标人
- 原则与依据
  - （1）投标报价由投标人自主确定，但必须执行清单计价规范的强制性规定
  - （2）投标人的投标报价不得低于成本
  - （3）投标报价要以招标文件中设定的发承包双方责任划分，作为考虑投标报价费用计算的基础
  - （4）以施工方案、技术措施为基本条件，以企业定额为基本依据
  - （5）科学严谨，简明适用
- 编制方法和内容
  - 分部分项工程和单价措施项目清单与计价表的编制
    - 以项目特征描述为依据
    - 风险承担
      - 市场风险，双方承担
      - 政策风险，发包人承担
      - 技术风险，承包人承担

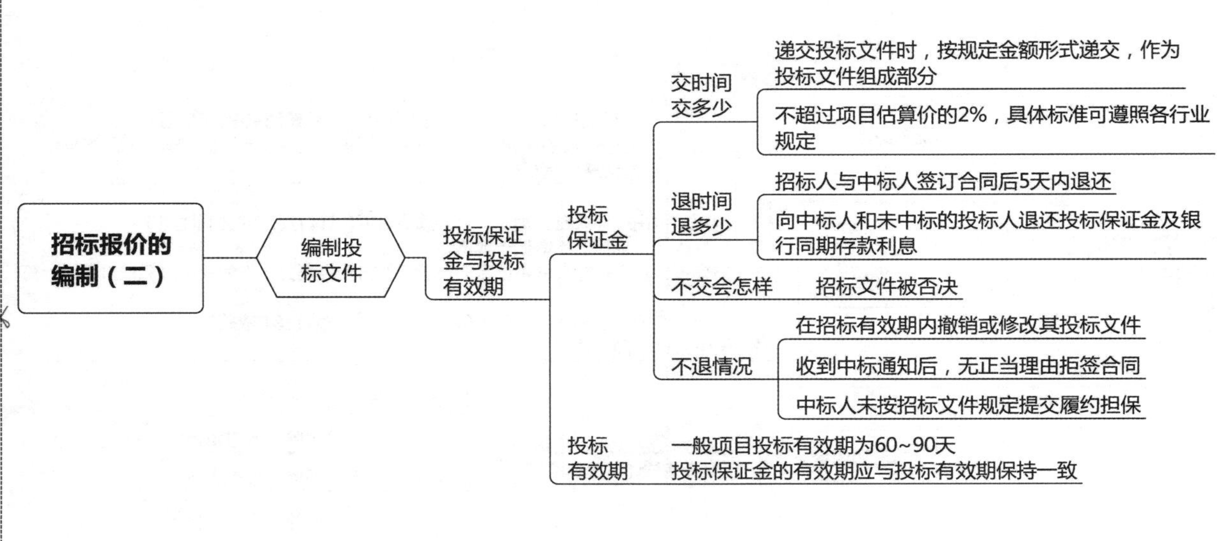
招标报价的编制（二）
编制投标文件
投标保证金与投标有效期
投标保证金
交时间交多少
递交投标文件时，按规定金额形式递交，作为投标文件组成部分
不超过项目估算价的2%，具体标准可遵照各行业规定
退时间退多少
招标人与中标人签订合同后5天内退还
向中标人和未中标的投标人退还投标保证金及银行同期存款利息
不交会怎样
招标文件被否决
不退情况
在招标有效期内撤销或修改其投标文件
收到中标通知后，无正当理由拒签合同
中标人未按招标文件规定提交履约担保
投标有效期
一般项目投标有效期为60~90天
投标保证金的有效期应与投标有效期保持一致

环球网校 移动学习 职达未来 hqwx.com

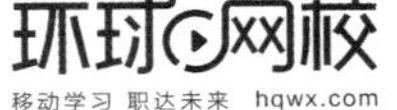

中标价及合同价款的约定（一）

- 评标
  - 清标
    - 合理性、完整性、正确性、错漏项分析、不平衡报价分析
  - 初评
    - 标准
      - （1）形式评审标准（格式）
      - （2）资格评审标准（内容）
      - （3）响应性评审标准
      - （4）施工组织设计和项目管理机构评审标准（技术性评审标准）
    - 澄清和说明
      - 不接受投标人主动提出的澄清、说明或补正
    - 修正
      - （1）“以大写为准、以单价为准、以中文为准”
      - （2）经投标人书面确认后具有约束力
      - （3）投标人不接受修正价格的，其投标被否决
    - 否决
      - 未能在实质上响应的投标，评标委员会应当否决其投标
  - 详评
    - 经评审的最低投标价
      - 投标报价低的优先；投标报价也相等的由招标人自行确定
    - 综合评估法
      - 综合评分相等时，以投标报价低的优先；投标报价也相等的，由招标人自行确定

中标价及合同价款的约定（二）

- 中标人的确定★
  - 提交评标报告（全体成员签字）
  - 公示中标候选人
    - 公示期不得少于3日；公示全部名单及排名；业绩信誉情况一并公示，不含得分情况
  - 确定中标人
    - 评标委员会有实质定标权（推荐谁第一，谁中标）；招标人有形式定标权
  - 中标通知书及签约准备
    - 发出中标通知书
      - 自确定中标人之日起15日内，提交书面报告
    - 履约担保
      - （1）交时间，交多少：签订合同前，按招标文件规定提交不超过中标合同金额的10%
      - （2）退时间，退多少：发包人在工程接收证书颁发后28天
      - （3）不交会怎样：视为放弃中标
      - （4）不退的情况：不交履约保证金，弃标
- 合同价款的约定
  - 工程量清单中各种价格的总计即为合同价。合同价就是中标价
  - 自中标通知书发出之日起30天内，订立书面合同。招标人与中标人签订合同后5日内，应当向中标人和未中标的投标人退还投标保证金及银行同期存款利息
  - 实行工程量清单计价的建筑工程，鼓励发承包双方采用单价方式确定合同价款；建设规模较小，技术难度较低，工期较短的建设工程，发承包双方可以采用总价方式确定合同价款；紧急抢险、救灾以及施工技术特别复杂的建设工程，发承包双方可以采用成本加酬金方式确定合同价款

工程总承包及国际工程合同价款的约定

- 工程总承包的类型
  - (1)设计采购施工(EPC)总承包
  - (2)交钥匙(Trunkey)总承包
  - (3)阶段性总承包模式
  - (4)工程项目管理总承包
- 工程总承包投标报价分析
  - 成本分析
    - (1)施工费用
    - (2)直接设备材料费用
    - (3)分包合同费用
    - (4)公司本部费用
    - (5)调试、开车服务费用
    - (6)其他费用组成
  - 标高金分析
    - 由管理费、利润和风险费组成
- 工程总承包的评标办法
  - 综合评估法
  - 经评审的最低投标价法

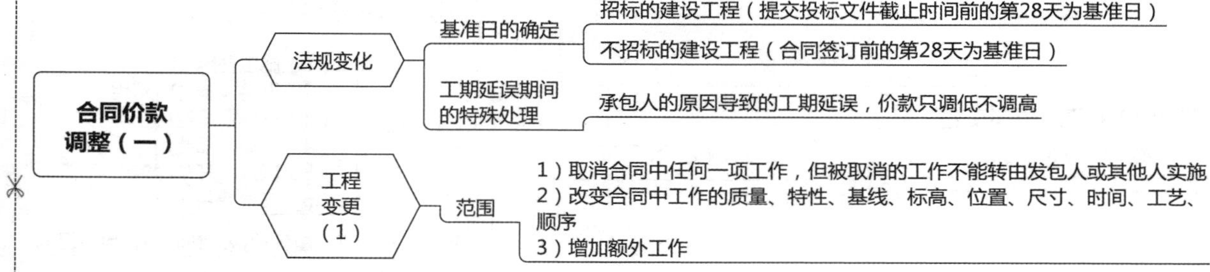
合同价款调整（一）
法规变化
基准日的确定
招标的建设工程（提交投标文件截止时间前的第28天为基准日）
不招标的建设工程（合同签订前的第28天为基准日）
工期延误期间的特殊处理
承包人的原因导致的工期延误，价款只调低不调高
工程变更（1）
范围
1）取消合同中任何一项工作，但被取消的工作不能转由发包人或其他人实施
2）改变合同中工作的质量、特性、基线、标高、位置、尺寸、时间、工艺、顺序
3）增加额外工作

合同价款调整（二）

工程变更（2）★★★

调整方法

- 分部分项工程费的调整
  - （1）有适用于变更工程项目的，且工程变更导致的该清单项目的工程数量变化不足15%时，采用该项目的单价
  - （2）没有适用、但有类似于变更工程项目的，可在合理范围内参照类似项目的单价或总价调整
  - （3）没有适用也没有类似于变更工程项目的，由承包人根据变更工程资料、计量规则和计价办法、工程造价管理机构发布的信息价格和承包人报价浮动率，提出变更工程项目的单价或总价，报发包人确认后调整：
    1）实行招标的工程：承包人报价浮动率L=（1 –中标价/最高投标限价）×100%
    2）不实行招标的工程：承包人报价浮动率L=（1 –报价值/施工图预算）×100%
  - （4）没有类似于变更工程项目，且工程造价管理机构发布的信息价格缺价的，由承包人根据变更工程资料、计量规则、计价办法和市场价格提出变更工程项目的单价或总价，报发包人确认后调整
- 措施项目费的调整
  - （1）安全文明施工费，按照实际发生变化的措施项目调整，不得浮动
  - （2）采用单价计算的措施项目费，按照实际发生变化的措施项目按前述分部分项工程费的调整方法确定单价
  - （3）按总价（或系数）计算的措施项目费，除安全文明施工费外，按照实际发生变化的措施项目调整，但应考虑承包人报价浮动因素
- 删减工程或工作的补偿

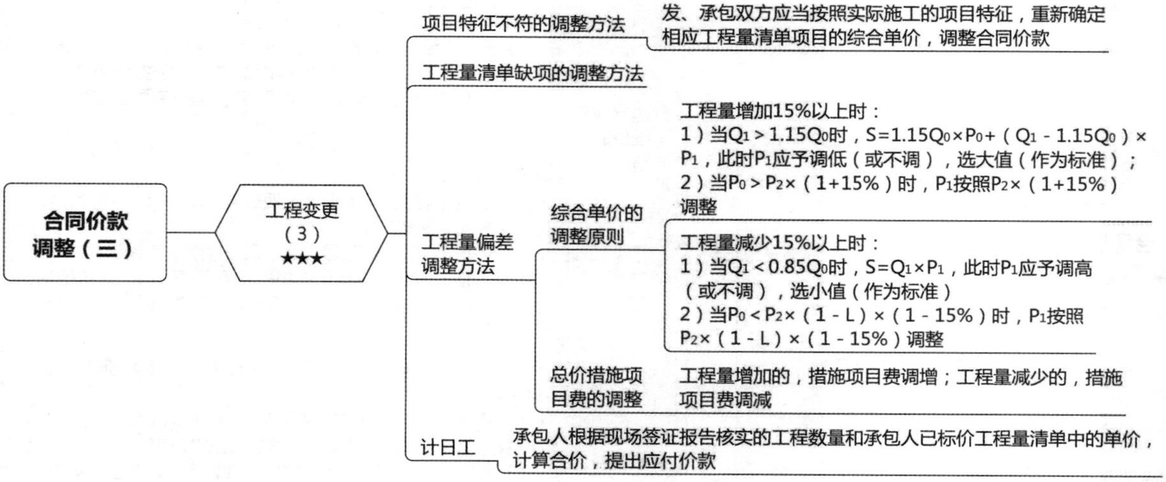

合同价款调整（三）

工程变更（3）★★★

- 项目特征不符的调整方法：发、承包双方应当按照实际施工的项目特征，重新确定相应工程量清单项目的综合单价，调整合同价款
- 工程量清单缺项的调整方法
- 工程量偏差调整方法
  - 综合单价的调整原则
    - 工程量增加15%以上时：
      1）当 $Q_1 > 1.15Q_0$ 时，$S=1.15Q_0 \times P_0+(Q_1-1.15Q_0)\times P_1$，此时 P_1 应予调低（或不调），选大值（作为标准）；
      2）当 $P_0 > P_2\times(1+15\%)$ 时，P_1 按照 $P_2\times(1+15\%)$ 调整
    - 工程量减少15%以上时：
      1）当 $Q_1 < 0.85Q_0$ 时，$S=Q_1\times P_1$，此时 P_1 应予调高（或不调），选小值（作为标准）
      2）当 $P_0 < P_2\times(1-L)\times(1-15\%)$ 时，P_1 按照 $P_2\times(1-L)\times(1-15\%)$ 调整
  - 总价措施项目费的调整：工程量增加的，措施项目费调增；工程量减少的，措施项目费调减
- 计日工：承包人根据现场签证报告核实的工程数量和承包人已标价工程量清单中的单价，计算合价，提出应付价款

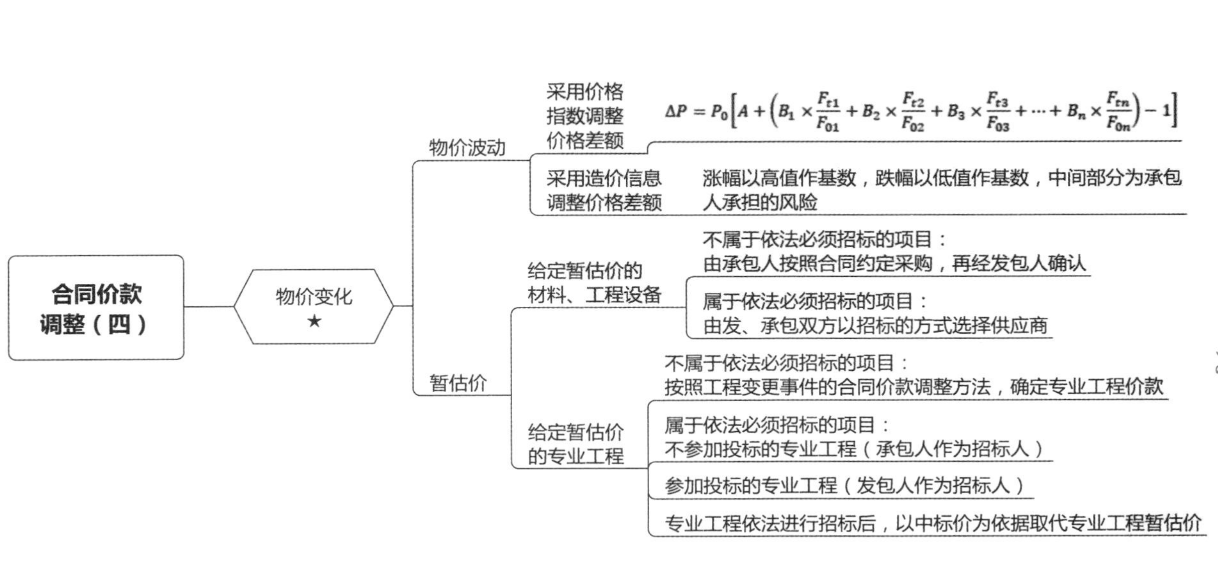
合同价款调整（四）
物价变化★
物价波动
采用价格指数调整价格差额
$\Delta P = P_0\left[A + \left(B_1 \times \frac{F_{t1}}{F_{01}} + B_2 \times \frac{F_{t2}}{F_{02}} + B_3 \times \frac{F_{t3}}{F_{03}} + \cdots + B_n \times \frac{F_{tn}}{F_{0n}}\right) - 1\right]$
采用造价信息调整价格差额
涨幅以高值作基数，跌幅以低值作基数，中间部分为承包人承担的风险
暂估价
给定暂估价的材料、工程设备
不属于依法必须招标的项目：由承包人按照合同约定采购，再经发包人确认
属于依法必须招标的项目：由发、承包双方以招标的方式选择供应商
给定暂估价的专业工程
不属于依法必须招标的项目：按照工程变更事件的合同价款调整方法，确定专业工程价款
属于依法必须招标的项目：不参加投标的专业工程（承包人作为招标人）
参加投标的专业工程（发包人作为招标人）
专业工程依法进行招标后，以中标价为依据取代专业工程暂估价

合同价款调整（五）

- 工程索赔
  - 不可抗力（承包人损失承包人承担，其余损失发包人承担，工期顺延）
  - 提前竣工（赶工补偿）与误期赔偿
    - 赶工补偿　压缩工期天数不超过定额工期的20%
    - 提前竣工　在合同中约定奖励的最高限额
    - 误期赔偿　在合同中约定赔偿的最高限额
  - 索赔
    - 发包人风险引起的索赔　索赔工期
    - 只影响费用的特殊时间　索赔费用
    - 发包人责任引起的索赔　索赔工期+费用
    - 发包人原因引起的索赔
      - 对工期有影响　索赔工期+费用+利润
      - 对工期无影响　索赔费用+利润
- 其他
  - 现场签证

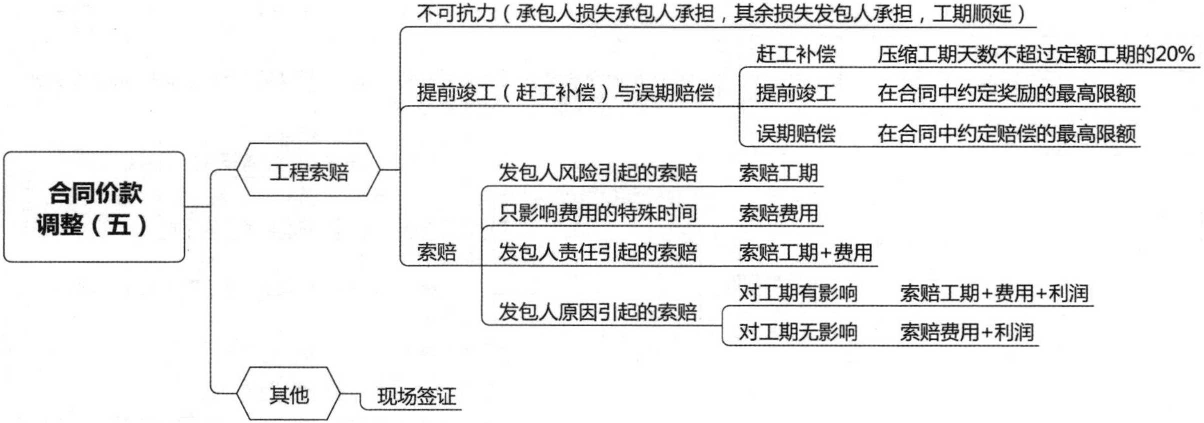

工程合同价款支付与结算（一）

- 工程计量
  - 原则
    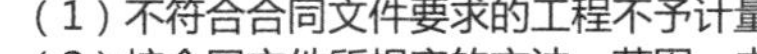
    - （1）不符合合同文件要求的工程不予计量
    - （2）按合同文件所规定的方法、范围、内容和单位计量
    - （3）因承包人原因造成的超出合同工程范围施工或返工的工程量，发包人不予计量
  - 范围
    - （1）工程量清单及工程变更所修订的工程量清单的内容
    - （2）合同文件中规定的各种费用支付项目，如费用索赔、各种预付款、价格调整、违约金等
  - 方法
    - （1）单价合同计量
    - （2）总价合同计量
- 预付款及期中支付（1）
  - 预付款
    - 包工包料工程的预付款的支付比例不得低于签约合同价(扣除暂列金额)的10% ，不宜高于签约合同价(扣除暂列金额)的30%
    - 从未施工工程尚需的主要材料及构件的价值相当于工程预付款数额时起扣，从每次结算工程价款中，按材料比重扣减工程价款，竣工前全部扣清。T=P-M/N
    - 预付款担保的主要形式为银行保函。预付款担保的担保金额通常与发包人的预付款是等值的。预付款一般逐月从工程预付款中扣除，预付款担保的担保金额也相应逐月减少
    - 安全文明施工费。发包人应在工程开工后的28天内预付不低于当年施工进度计划的安全文明施工费总额的60%，其余部分按照提前安排的原则进行分解，与进度款同期支付

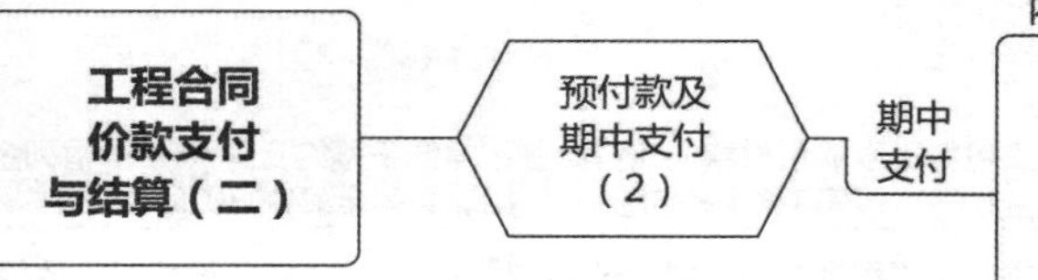

内容

1）累计已完成的合同价款

2）累计已实际支付的合同价款

3）本周期合计完成的合同价款，其中包括：本周期已完成单价项目的金额；本周期应支付的总价项目的金额；本周期已完成的计日工价款；本周期应支付的安全文明施工费；本周期应增加的金额

4）本周期合计应扣减的金额，其中包括：本周期应扣回的预付款；本周期应扣减的金额

5）本周期实际应支付的合同价款

进度款的支付

进度款的支付比例按照合同约定，按期中结算价款总额计，不低于60%，不高于90%。发现已签发的任何支付证书有错、漏或重复的数额，发包人有权予以修正，承包人也有权提出修正申请。经发承包双方复核同意修正的，应在本次到期的进度款中支付或扣除

工程计量与合同价款结算（一）

竣工结算

竣工结算价款的支付

承包人提交的竣工结算款支付申请应包括下列内容：
（1）竣工结算合同价款总额
（2）累计已实际支付的合同价款
（3）应扣留的质量保证金
（4）实际应支付的竣工结算款金额

合同解除价款的结算与支付

由于不可抗力解除合同的，发包人除应向承包人支付合同解除之日前已完成工程但尚未支付的合同价款，还应支付下列金额：
（1）合同中约定应由发包人承担的费用
（2）已实施或部分实施的措施项目应付价款
（3）承包人为合同工程合理订购且已交付的材料和工程设备货款。发包人一经支付此项货款，该材料和工程设备即成为发包人的财产
（4）承包人撤离现场所需的合理费用，包括员工遣送费和临时工程拆除、施工设备运离现场的费用
（5）承包人为完成合同工程而预期开支的任何合理费用，且该项费用未包括在本款其他各项支付之内

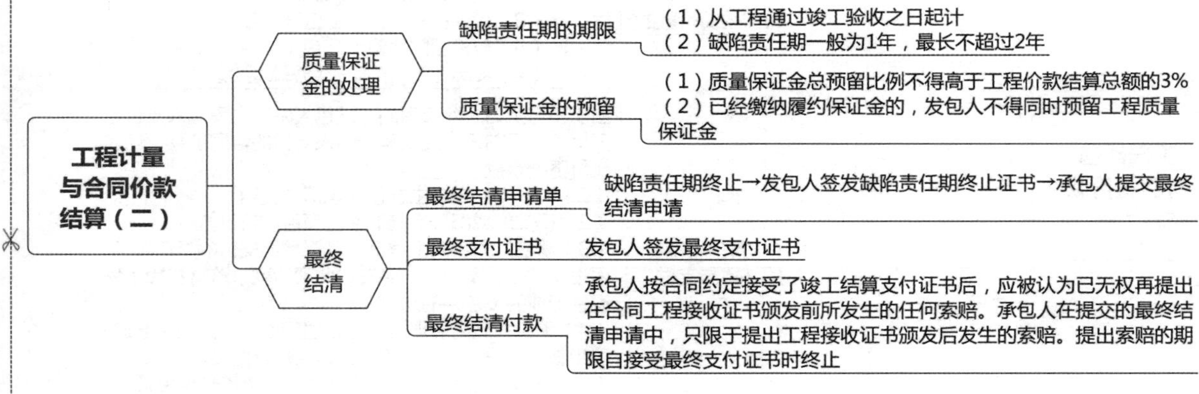
工程计量与合同价款结算（二）
质量保证金的处理
缺陷责任期的期限
（1）从工程通过竣工验收之日起计
（2）缺陷责任期一般为1年，最长不超过2年
质量保证金的预留
（1）质量保证金总预留比例不得高于工程价款结算总额的3%
（2）已经缴纳履约保证金的，发包人不得同时预留工程质量保证金
最终结清
最终结清申请单
缺陷责任期终止→发包人签发缺陷责任期终止证书→承包人提交最终结清申请
最终支付证书
发包人签发最终支付证书
最终结清付款
承包人按合同约定接受了竣工结算支付证书后，应被认为已无权再提出在合同工程接收证书颁发前所发生的任何索赔。承包人在提交的最终结清申请中，只限于提出工程接收证书颁发后发生的索赔。提出索赔的期限自接受最终支付证书时终止

工程计量与合同价款结算（三）

- 合同价款纠纷的处理★★
  - 解决途径
    - 和解、调解、仲裁、诉讼
  - 处理原则
    - 施工合同无效的价款纠纷处理
      - （1）验收合格，发包人请求承包人承担修复费用的，应予支持
      - （2）验收不合格，承包人请求支付工程价款的，不予支持
    - 垫资施工合同的价款纠纷处理
      - （1）当事人对垫资和垫资利息有约定，承包人请求按照约定返还垫资及其利息的，人民法院应予支持，但是约定的利息计算标准高于垫资时的同期贷款市场报价利率的部分除外
      - （2）对垫资没有约定，按照工程欠款处理
      - （3）对垫资利息没有约定，承包人请求支付利息的，不予支持
    - 其他工程结算价款纠纷的处理
      - 欠款的利息支付
        - 利率标准
          - 有约定，按约定处理
          - 无约定，按银行同期同类贷款利率计算
        - 计息日（利息从应付工程价款之日计付）：
          （1）已交付的，为交付之日
          （2）未交付的，为提交竣工结算文件之日
          （3）未交付，价款也未结算的，为当事人起诉之日

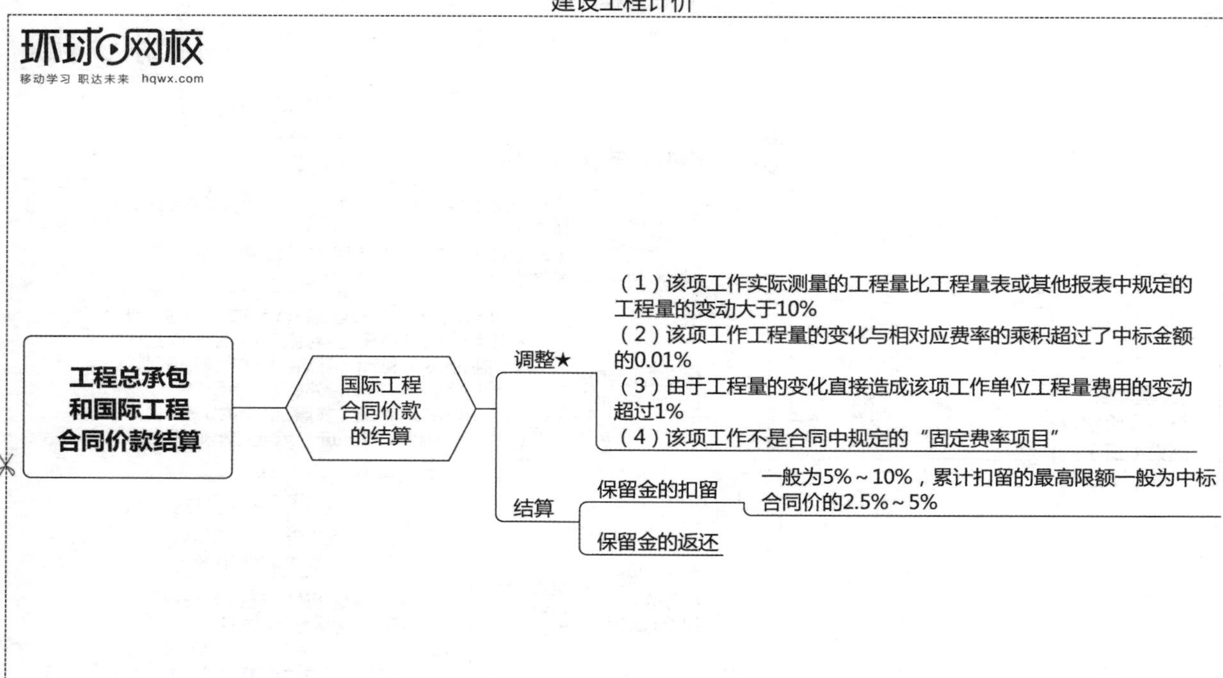
工程总承包和国际工程合同价款结算
国际工程合同价款的结算
调整★
（1）该项工作实际测量的工程量比工程量表或其他报表中规定的工程量的变动大于10%
（2）该项工作工程量的变化与相对应费率的乘积超过了中标金额的0.01%
（3）由于工程量的变化直接造成该项工作单位工程量费用的变动超过1%
（4）该项工作不是合同中规定的“固定费率项目”
结算
保留金的扣留
一般为5%~10%，累计扣留的最高限额一般为中标合同价的2.5%~5%
保留金的返还

竣工决算

- 内容
  - 竣工财务决算说明书
  - 竣工财务决算报表
    - 资产产权归属本单位的，应计入交付使用资产价值
  - 建设工程竣工图
    - （1）没有变动的，由承包人在原施工图上加盖“竣工图”标志后，即作为竣工图
    - （2）一般性设计变更，可不重新绘制，由承包人在原图上注明修改部分，并附以设计变更通知单和施工说明，加盖“竣工图”标志后，作为竣工图
    - （3）有重大改变，应重新绘制改变后的竣工图（责任人绘制）
  - 工程造价对比分析
- 审核
  - 审核方式
    - 包括政策性审核、技术性审核、评审结论审核和意见分歧审核及处理
  - 审核内容
    - 主要包括工程价款结算、项目核算管理、项目建设资金管理、项目基本建设程序执行及建设管理、概（预）算执行、交付使用资产及尾工工程等
- 批复
  - 财政部直接批复的范围
    - （1）主管部门本级的投资额在3000万元（不含3000万元，按完成投资口径）以上的项目决算
    - （2）不向财政部报送年度部门决算的中央单位项目决算。主要是指不向财政部报送年度决算的社会团体、国有及国有控股企业使用财政资金的非经营性项目和使用财政资金占项目资本比例超过50%的经营性项目决算
  - 主管部门批复的范围
    - （1）主管部门二级及以下单位的项目决算
    - （2）主管部门本级投资额在3000万元（含3000万元）以下的项目决算

新增资产价值的确定

新增固定资产的确定方法

新增固定资产价值的计算是以独立发挥生产能力的单项工程为对象

新增固定资产价值计算时应注意的问题：
（1）对于为提高产品质量、改善劳动条件、节约材料消耗、保护环境而建设的附属辅助工程，只要全部建成，正式验收交付使用后就要计入新增固定资产价值
（2）对于单项工程中不构成生产系统，但能独立发挥效益的非生产性项目，如住宅、食堂、医务所、托儿所、生活服务网点等，在建成并交付使用后，也要计算新增固定资产价值
（3）凡购置达到固定资产标准不需安装的设备、工器具，应在交付使用后计入新增固定资产价值
（4）属于新增固定资产价值的其他投资，应随同受益工程交付使用的同时一并计入
（5）运输设备及其他不需要安装的设备、工具、器具、家具等固定资产一般仅计算采购成本，不计分摊

共同费用的分摊方法：
一般情况下，建设单位管理费按建筑工程、安装工程、需安装设备价值总额按比例分摊，而土地征用费、地质勘察和建筑工程设计费等费用按建筑工程造价比例分摊，生产工艺流程系统设计费按安装工程造价比例分摊

3

建设工程造价案例分析

随时随地，在线刷题

扫码加助教领题库软件

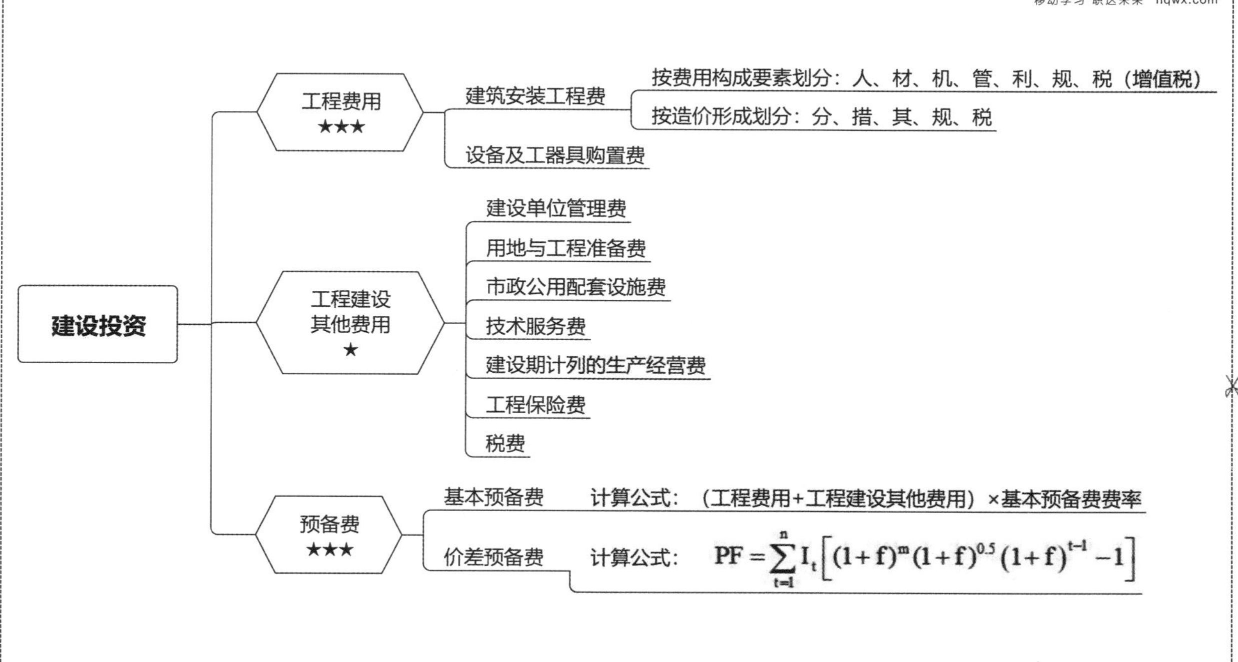
建设投资
工程费用 ★★★
建筑安装工程费
按费用构成要素划分：人、材、机、管、利、规、税（增值税）
按造价形成划分：分、措、其、规、税
设备及工器具购置费
工程建设其他费用 ★
建设单位管理费
用地与工程准备费
市政公用配套设施费
技术服务费
建设期计列的生产经营费
工程保险费
税费
预备费 ★★★
基本预备费
计算公式：（工程费用+工程建设其他费用）×基本预备费费率
价差预备费
计算公式：$PF=\sum_{t=1}^{n} I_t\left[(1+f)^m(1+f)^{0.5}(1+f)^{t-1}-1\right]$

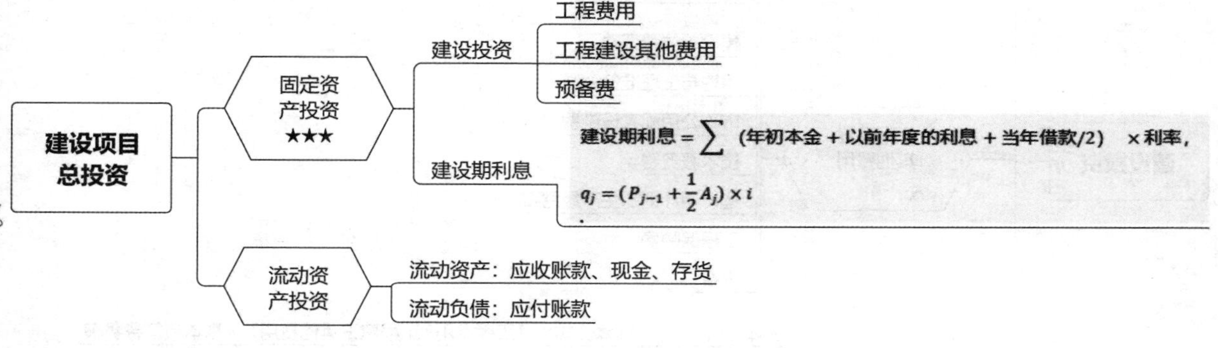
建设项目总投资
固定资产投资★★★
建设投资
工程费用
工程建设其他费用
预备费
建设期利息
建设期利息 = ∑（年初本金 + 以前年度的利息 + 当年借款/2） × 利率，
$q_j = (P_{j-1} + \frac{1}{2}A_j) \times i$
流动资产投资
流动资产：应收账款、现金、存货
流动负债：应付账款

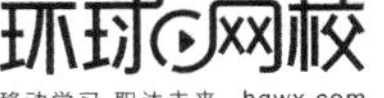

投资现金流量表-融资前（一）

现金流入★★★

- 营业收入（不含销项税）：年营业收入＝设计生产能力×产品单价（不含税）×年生产负荷
- 销项税额：销项税额=销售量×单价×税率（一般是增值税率）
- 补贴收入：政府补贴，一般已知
- 回收固定资产余值：
  固定资产余值＝年折旧费×（固定资产使用年限－运营期）＋残值
  年折旧费＝（固定资产原值－残值）÷折旧年限
  固定资产残值＝固定资产原值×残值率
  注意：融资前，固定资产原值不含建设期利息；融资后，固定资产原值含建设期利息
- 回收流动资金：各年投入的流动资金一般在项目期末一次全额回收

环球网校
移动学习 职达未来 hqwx.com

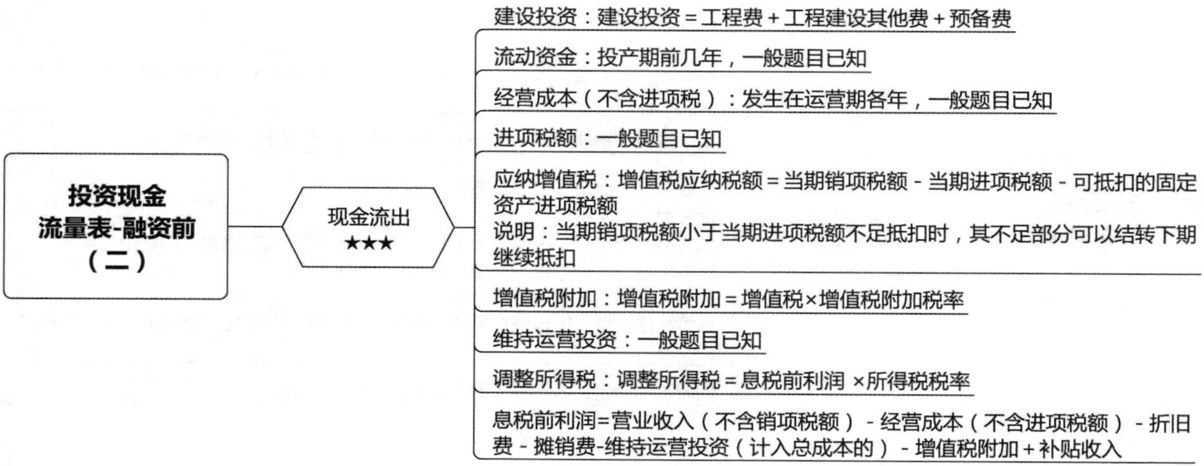
投资现金流量表-融资前（二）
现金流出
★★★
建设投资：建设投资＝工程费＋工程建设其他费＋预备费
流动资金：投产期前几年，一般题目已知
经营成本（不含进项税）：发生在运营期各年，一般题目已知
进项税额：一般题目已知
应纳增值税：增值税应纳税额＝当期销项税额－当期进项税额－可抵扣的固定资产进项税额
说明：当期销项税额小于当期进项税额不足抵扣时，其不足部分可以结转下期继续抵扣
增值税附加：增值税附加＝增值税×增值税附加税率
维持运营投资：一般题目已知
调整所得税：调整所得税＝息税前利润 ×所得税税率
息税前利润=营业收入（不含销项税额）－经营成本（不含进项税额）－折旧费－摊销费-维持运营投资（计入总成本的）－增值税附加＋补贴收入

投资现金流量表-融资前（三）

- 所得税后净现金流量：现金流入-现金流出
- 累计所得税后净现金流量：对应各年的所得税后净现金流量的累计值
- 基准收益率：一般题目已知，计算公式为（1+*i*）^-*t*
- 折现后净现金流量：对应年份的所得税后净现金流量×基准收益率
- 累计折现后净现金流量：
  （1）各对应年份的所得税后净现金流量的累计值
  （2）最后一年的值即为项目的净现值（*FNPV*）

资本金现金流量表-融资后（一）

现金流入★★★

- 营业收入（不含销项税）：年营业收入＝设计生产能力×产品单价（不含税）×年生产负荷
- 销项税额：销项税额=销售量×单价×税率（一般是增值税率）
- 补贴收入：政府补贴，一般已知
- 回收固定资产余值：
  固定资产余值＝年折旧费×（固定资产使用年限－运营期）＋残值
  年折旧费＝（固定资产原值－残值）÷折旧年限
  固定资产残值＝固定资产原值×残值率
  注意：融资前，固定资产原值不含建设期利息；融资后固定资产原值含建设期利息
- 回收流动资金：各年投入的流动资金一般在项目期末一次全额回收

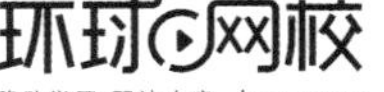

资本金现金流量表-融资后（二）

现金流出 ★★★

- 项目资本金：建设期和运营期各年投资中的自有资金部分
- 借款本金：借款本金 = 长期（建设期）借款本金 + 流动资金借款本金 + 临时借款本金
- 借款利息支付：利息 = 长期借款利息 + 流动资金借款利息 + 临时借款利息
- 流动资金投资：一般题目已知
- 经营成本（不含进项税）：一般发生在运营期的各年
- 进项税额：一般题目已知
- 应纳增值税：应纳增值税 = 当年销项税额 - 当年进项税额 - 可抵扣固定资产进项税额
- 增值税附加：增值税附加 = 增值税×增值税附加税率
- 维持运营投资：一般题目已知
- 所得税：所得税 = 利润总额×所得税税率
  利润总额=营业收入（不含销项税额）- 经营成本（不含进项税额）- 折旧费 - 摊销费-利息-维持运营投资（计入总成本的）-增值税附加 + 补贴收入
  利润总额 = 营业收入（不含销项税额）- 总成本（不含进项税额）-增值税附加 + 补贴收入

资本金现金流量表-融资后（三）

- 所得税后净现金流量：现金流入-现金流出
- 累计所得税后净现金流量：对应各年的所得税后净现金流量的累计值
- 基准收益率：一般题目已知，计算公式为（1+*i*）^-*t*
- 折现后净现金流量：对应年份的所得税后净现金流量×基准收益率
- 累计折现后净现金流量：
  （1）各对应年份的所得税后净现金流量的累计值
  （2）最后一年的值即为项目的净现值（*FNPV*）

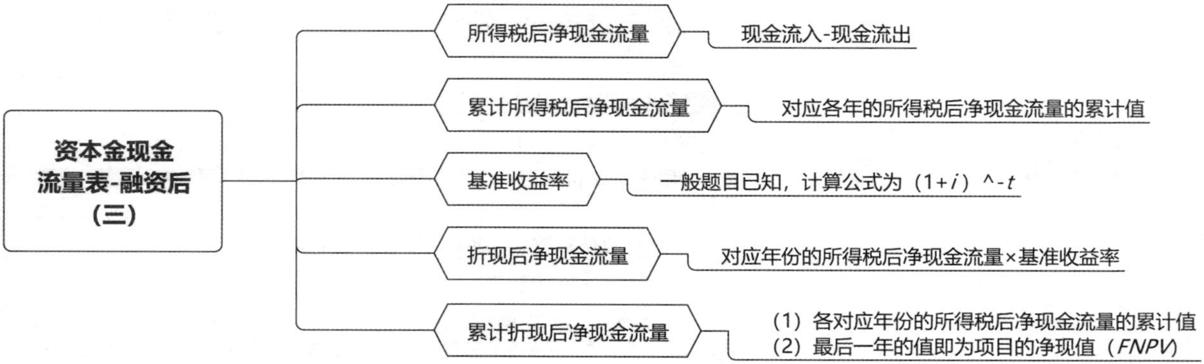

利润与利润分配表-融资后

- 利润总额★★★
  - 利润总额=营业收入（不含销项税额）-总成本费用（不含进项税额）-增值税附加+补贴收入
- 净利润★★
  - 净利润=利润总额-所得税
- 息税前利润★★
  - 息税前利润（*EBIT*）=利润总额+利息支出
- 期初未分配利润
  - 上一年度末的未分配利润
- 息税折旧摊销前利润
  - 息税折旧摊销前利润（*EBITDA*）=息税前利润+折旧+摊销

工程设计、施工方案技术（一）

资金时间价值 ★★★

现金流量图的绘制：
方向（流入、流出）、大小（金额）、作用点（现金流发生的时点）

技术经济方案比选方法：
（1）寿命期相同评价方案
1）净现值法：反映投资方案在计算期内获利能力的动态评价指标，指用一个预定的基准收益率 i_c。分别将整个计算期内各年所发生的净现金流量都折现到投资方案开始实施时的现值之和
2）净年值法：以一定的基准收益率将项目计算期内净现金流量等值换算而成的等额年值
（2）寿命期不同评价方案
年值法、最小公倍数法、研究期法

工程设计、施工方案技术（二）

- 决策树 ★★
  - 决策树的绘制：
    （1）“□”表示决策点，“○”表示状态点；“//”为剪枝符号；由决策点引出的枝称为方案枝；由状态点引出的枝称为状态枝。同一状态点引入各枝的状态概率之和为1
    （2）计算决策树方法进行方案评价属于期望型决策
    （3）各点期望值计算：$E(i, y)=\sum P(i, y)$
- 费用效率分析方法
  - 费用效率公式：$CE=SE/LCC=SE/(IC+SC)$
    其中，CE-费用效率，SE-工程系统效率，LCC-工程寿命周期成本，IC-设置费，SC-维持费
  - 费用效率值越大越好

工程设计、施工方案技术（三）

双代号
网络计划图
★★★

计算时间参数：
ES，EF=ES+D，LS，LF=LS+D，TF=LS-ES，FF=后ES-本EF

绘图规则：
（1）开工和完工节点唯一
（2）小序号指向大序号
（3）不能形成回路
（4）任意两节点间仅有一条工序线
（5）不能双向和无向

费用优化的目的：
一是计算出工程总费用最低时相对应的总工期，一般用在计划编制过程中；二是求出在规定工期条件下最低费用，一般用在计划实施调整过程中

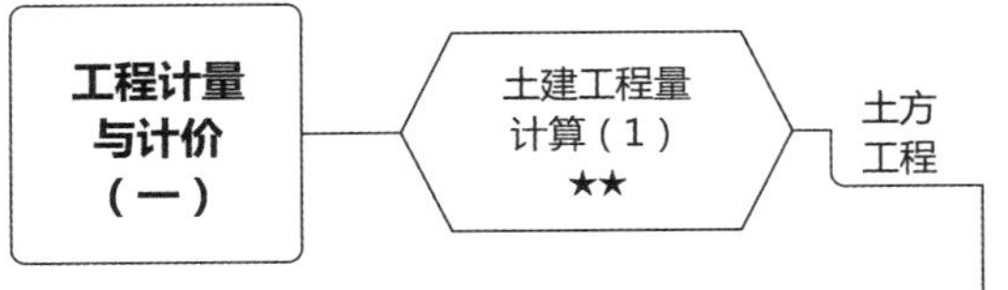

1）挖一般土方按设计图示尺寸以体积计算。挖土方平均厚度应按自然地面测量标高至设计地坪标高间的平均厚度确定。桩间挖土不扣除桩的体积

2）挖沟槽土方及挖基坑土方按设计图示尺寸以基础垫层底面积乘以挖土深度计算。基础土方开挖深度应按基础垫层底表面标高至交付施工场地标高确定，无交付施工场地标高时，应按自然地面标高确定。挖沟槽、基坑、一般土方因工作面和放坡增加的工程量（管沟工作面增加的工程量），是否并入各土方工程量中，按各省、自治区、直辖市或行业建设主管部门的规定实施（题目中会说明）

3）回填土方按设计图示尺寸以体积计算

4）余方弃置按挖方清单项目工程量减利用回填方体积（正数）计算

工程计量与计价（二）

土建工程量计算（2）★★

混凝土及钢筋混凝土工程

柱高的计算：

1）有梁板的柱高，应自柱基上表面（或楼板上表面）至上一层楼板上表面之间的高度计算

2）无梁板的柱高，应自柱基上表面（或楼板上表面）至柱帽下表面之间的高度计算

3）框架柱的柱高应自柱基上表面至柱顶高度计算

4）构造柱按全高计算，嵌接墙体部分（马牙槎）并入柱身体积

现浇混凝土板：

1）按设计图示尺寸以体积计算，不扣除构件内钢筋、预埋铁件及单个面积≤0.3m²的柱、垛以及孔洞所占体积

2）有梁板（包括主、次梁与板）按梁、板体积之和计算

3）无梁板按板和柱帽体积之和计算

4）各类板伸入墙内的板头并入板体积内计算

5）空心板按设计图示尺寸以体积计算，应扣除空心部分体积

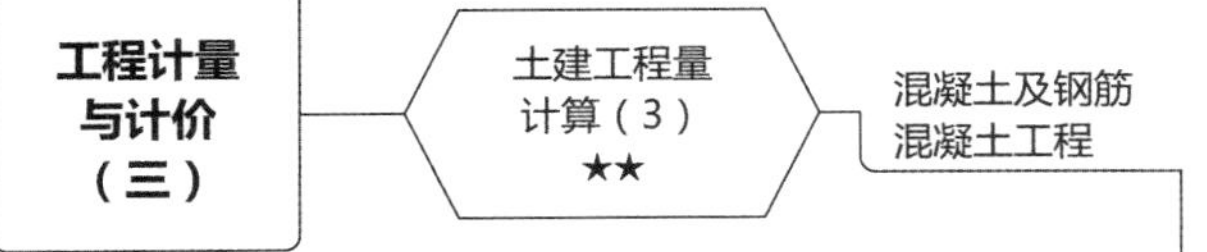

1）现浇混凝土楼梯：按设计图示尺寸以水平投影面积计算，不扣除宽度≤500mm的楼梯井，伸入墙内部分不计算； 按设计图示尺寸以体积计算

2）当整体楼梯与现浇楼板无梯梁连接时，以楼梯的最后一个踏步边缘加300mm为界

3）预制混凝土楼梯以“m^3”计量，按设计图示尺寸以体积计算，扣除空心踏步板空洞体积；或以 “段”计量，按设计图示数量计算

4）当以块计量时，必须描述单件体积

环球网校
移动学习 职达未来 hqwx.com

工程计量与计价（四）

土建工程量计算（4）★★

楼地面装饰工程

1）块料面层、橡塑面层、其他材料面层按设计图示尺寸以面积计算，门洞、空圈、暖气包槽、壁龛的开口部分并入相应的工程量内

2）踢脚线按设计图示长度乘高度以面积计算或按延长米计算

3）楼梯面层按设计图示尺寸以楼梯（包括踏步、休息平台及≤500mm的楼梯井）水平投影面积计算，楼梯与楼地面相连时，算至梯口梁内侧边沿；无梯口梁者，算至最上一层踏步边沿加300mm

4）墙面块料面层：

①石材墙面、碎拼石材、块料墙面以面积“m^2”计算

②干挂石材钢骨架按设计图示尺寸以质量“t”计算

5）柱（梁）饰面：

①柱（梁）面装饰按设计图示饰面外围尺寸以面积“m^2”计算，柱帽、柱墩并入相应柱饰面工程量内

②成品装饰柱按设计数量以“根”计算；或按设计长度以“m”计算

工程计量与计价（五）

- 安装工程量计算★★
  - 安装工程量计算规则
    - 管道
      - （1）低压管道：低压碳钢管、低压碳钢伴热管、低压衬里钢管、低压不锈钢伴热管、低压不锈钢管、低压合金钢管等，按设计图示管道中心线以长度计算
      - （2）中压管道：中压碳钢管、中压螺旋卷管、中压不锈钢管、中压合金钢管、中压铜及铜合金管等，按设计图示管道中心线以长度计算
      - （3）高压管道：高压碳钢管、高压合金钢管、高压不锈钢管，按设计图示管道中心线以长度计算
    - 管道根据不同项目具体内容确定计量单位。管道长度按设计图示管道中心线以长度"m"计算，管道碰头按设计图示以"处"计算。工作内容包括：管道安装、管件安装、压力试验、吹扫、冲洗，警示带铺设等
    - 支架规定按设计图示质量"kg"计量 或者以"套"计量
      套管（制作安装、除锈、刷油）按图示数量计算

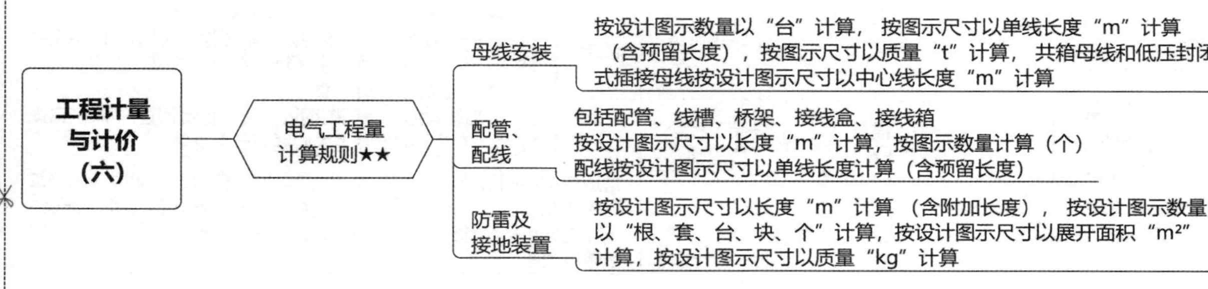
工程计量与计价（六）
电气工程量计算规则★★
母线安装
按设计图示数量以“台”计算，按图示尺寸以单线长度“m”计算（含预留长度），按图示尺寸以质量“t”计算，共箱母线和低压封闭式插接母线按设计图示尺寸以中心线长度“m”计算
配管、配线
包括配管、线槽、桥架、接线盒、接线箱
按设计图示尺寸以长度“m”计算，按图示数量计算（个）
配线按设计图示尺寸以单线长度计算（含预留长度）
防雷及接地装置
按设计图示尺寸以长度“m”计算（含附加长度），按设计图示数量以“根、套、台、块、个”计算，按设计图示尺寸以展开面积“m²”计算，按设计图示尺寸以质量“kg”计算

招标方式★

- 其他方式
  - 两阶段招标
    - 对技术复杂或无法精确拟定技术规格的项目，招标人可分为两阶段招标：
    - 第一阶段：投标人按招标公告或者投标邀请书的要求提交不带报价的技术建议，招标人根据投标人提交的技术建议确定技术标准和要求，编制招标文件
    - 第二阶段：招标人向提供技术建议的投标人提交招标文件，投标人按招标文件要求提交包括最终技术方案和投标报价的投标文件、投标保证金
  - 联合体投标
    - （1）招标人应当在资格预审公告、招标公告或者投标邀请书中载明是否接受联合体投标。招标人接受联合体投标并进行资格预审的，联合体应当在提交资格预审申请文件前组成
    - （2）资格预审后联合体增减、更换成员的，其投标无效。联合体各方在同一招标项目中以自己名义单独投标或者参加其他联合体投标的，相关投标均无效
    - （3）由同一专业的单位组成的联合体，按照资质等级较低的单位确定资质等级
    - （4）联合体各方应签订共同投标协议，明确约定各方拟承担的工作和责任
    - （5）联合体中标的，联合体各方应当共同与招标人签订合同，就中标项目向招标人承担连带责任

招标程序（一）
★★★

- 发售招标文件
  - 发售期不得少于5日
  - 招标人对已发出的招标文件进行必要的澄清或者修改的，应当在招标文件要求提交投标文件截止时间至少15日前，以书面形式通知所有招标文件收受人。如果澄清发出的时间距投标截止时间不足15天的，相应推迟投标截止时间
- 现场勘察和投标预备会
  - 招标人不得组织单个或者部分潜在投标人踏勘项目现场
  - 招标人在踏勘现场中介绍的工程场地和相关的周边环境情况，供投标人在编制投标文件时参考，招标人不对投标人据此做出的判断和决策负责
  - 投标预备会由招标人组织并主持召开，在预备会上对招标文件和现场情况做介绍或解释，并解答投标人提出的问题，包括书面提出的和口头提出的询问
  - 投标预备会结束后，由招标人整理会议记录和解答内容，报招标管理机构核准同意后，尽快以书面形式将问题及解答同时发送到所有获得招标文件的投标人

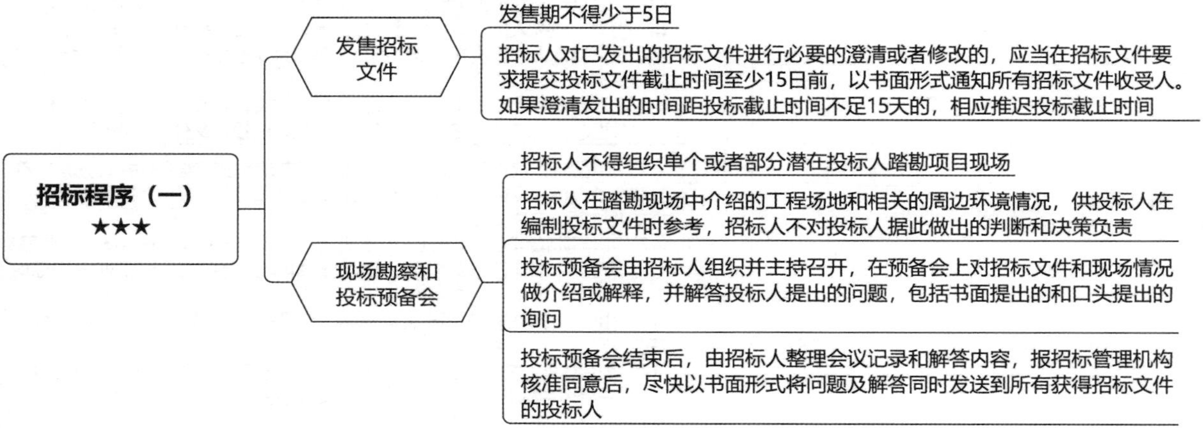

招标程序（二）★★

- 投标文件、投标保证金
  - （1）投标人撤回已提交的投标文件，应当在投标截止时间前书面通知招标人。招标人已收取投标保证金的，应当自收到投标人书面撤回通知之日起5日内退还
  - （2）投标截止后投标人撤销投标文件的，招标人可以不退还投标保证金
  - （3）投标有效期：投标有效期从投标截止时间起开始计算。一般项目投标有效期为60～90天
- 开标
  - （1）开标应当在招标文件确定的提交投标文件截止时间的同一时间公开进行
  - （2）开标由招标人主持，邀请所有投标人参加；开标地点应当为招标文件中确定的地点
  - （3）投标人少于3个的，不得开标；招标人应当重新招标。投标人对开标有异议的，应当在开标现场提出，招标人应当当场作出答复，并制作记录

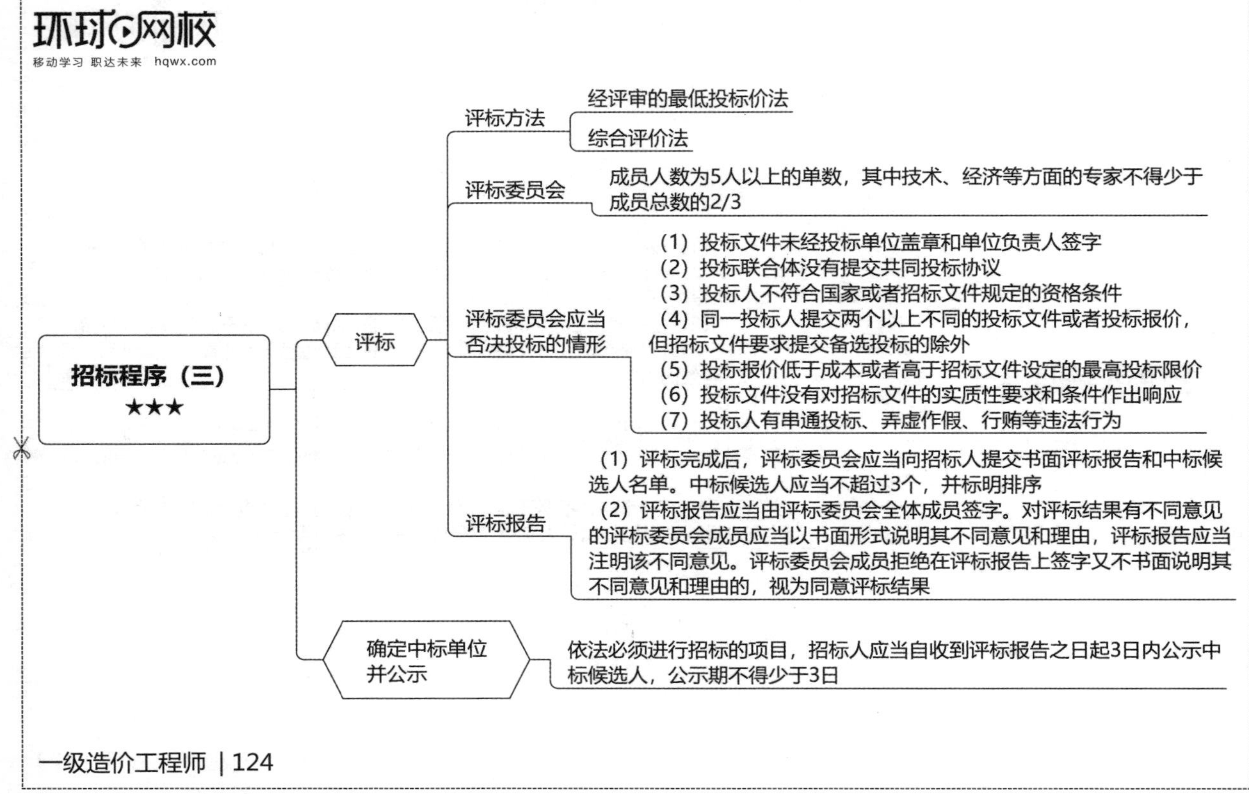
环球网校
移动学习 职达未来 hqwx.com
招标程序（三）★★★
评标
评标方法
经评审的最低投标价法
综合评价法
评标委员会
成员人数为5人以上的单数，其中技术、经济等方面的专家不得少于成员总数的2/3
评标委员会应当否决投标的情形
（1）投标文件未经投标单位盖章和单位负责人签字
（2）投标联合体没有提交共同投标协议
（3）投标人不符合国家或者招标文件规定的资格条件
（4）同一投标人提交两个以上不同的投标文件或者投标报价，但招标文件要求提交备选投标的除外
（5）投标报价低于成本或者高于招标文件设定的最高投标限价
（6）投标文件没有对招标文件的实质性要求和条件作出响应
（7）投标人有串通投标、弄虚作假、行贿等违法行为
评标报告
（1）评标完成后，评标委员会应当向招标人提交书面评标报告和中标候选人名单。中标候选人应当不超过3个，并标明排序
（2）评标报告应当由评标委员会全体成员签字。对评标结果有不同意见的评标委员会成员应当以书面形式说明其不同意见和理由，评标报告应当注明该不同意见。评标委员会成员拒绝在评标报告上签字又不书面说明其不同意见和理由的，视为同意评标结果
确定中标单位并公示
依法必须进行招标的项目，招标人应当自收到评标报告之日起3日内公示中标候选人，公示期不得少于3日

招标程序（四）★★★

- 发出中标通知书
  - 中标人确定后，招标人应当向中标人发出中标通知书，并同时将中标结果通知所有未中标的投标人
  - 中标通知书对招标人和中标人具有法律效力。中标通知书发出后，招标人改变中标结果，或者中标人放弃中标项目的，应当依法承担法律责任
  - 招标人应当自确定中标人之日起15日内，向有关行政监督部门提交招标投标情况的书面报告
- 签订合同、缴纳履约保证金
  - 招标人和中标人应当自中标通知书发出之日起30日内，按照招标文件和中标人的投标文件订立书面合同。招标人和中标人不得再行订立背离合同实质性内容的其他协议
  - 招标人最迟应当在书面合同签订后5日内向中标人和未中标的投标人退还投标保证金及银行同期存款利息
  - 履约保证金不得超过中标合同金额的10%

工程合同价款管理（一）

工程索赔★★

不可抗力工期和费用承担

- 工期
  - 全部影响：总工期补偿
  - 局部影响：工序工期补偿
  - 注意：发包方要求赶工时，发包方支付赶工费
- 费用
  - （1）发包方承担费用：工程本身损失（合同约定范围内）与第三方人员损失和人员伤亡；工程本身清理、修复费用；应甲方要求，乙方派驻现场人员费用；运至现场用于施工的施工材料损失，待安装设备损失
  - （2）承包方承担费用：承包人施工机械损失
  - （3）双方各自承担费用：人员伤亡费用

工程合同价款管理（二）

- 甲方责任前提★★
  - （1）若事件发生在关键工序，则事件发生时间即为工期补偿时间
  - （2）若事件发生在非关键工序且延误时间没有超过该工序总时差时，工期不予补偿；若延误时间超过该工序的总时差，应根据相应总工期的改变量确定工期补偿时间
- 多方责任前提★★
  - 应利用网络计划分析。首先按各工序计划工作时间确定计划工期A；然后计算包含甲方责任延误时间的甲方延误责任工期B，计算包含双方延误责任时间的上方责任工期C。则B-A为对甲方索赔的工期时间，C-B>0为乙方原因延误计划工期的误工时间（实际工期=C+不可抗力发生时间）
- 多工序共用设备索赔★★
  - 多工序共用设备的正常在场时间为E，E=最后使用设备工序T_{EF}-最先使用设备工序T_{ES}，出现非承包方责任延误条件下共用设备在场时间为F。F-E为由于共用设备在场时间延长的索赔时间。多工序共用设备在场合理时间为共用设备在场最短时间

工程合同价款管理（三）

共同事件发生工期索赔★★

（1）首先判别造成工期拖期的“初始延误”责任者，在“初始延误”发生作用期间，其他并发延误者不承担责任（一般采用横道图分析，每种延误责任发生过程单独用一横道线表示）

（2）“初始延误”者为业主。则在业主造成的延误期内，承包商可得到工期补偿，费用补偿应注意区分延误后果为增加工程量和窝工的区别

（3）“初始延误”者为不可抗力因素时，承包商在不可抗力因素发生期只能得到工期补偿

不可抗力事件发生前提★★★

不可抗力事件发生后，所影响的工程或工序的工期按实际影响时间补偿，不讨论工序的总时差，需注意不可抗力的影响分为全场影响和局部工序影响，其后果分为影响总工期和局部工序工期，若后者发生时，要将对局部工序时间影响值利用多方责任前提下工期索赔方法进行处理

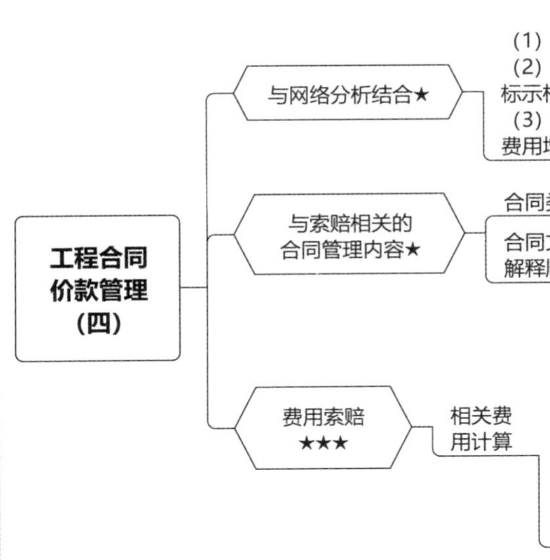

与网络分析结合★

（1）工期索赔一般要涉及双代号时标图和双代号时标网络的参数计算

（2）背景材料给出具体延误事件→分析责任和影响时间→在双代号时标网络图中标示相关事件的实际进度前锋线→分析标线后总工期的改变量，确定工期索赔值

（3）双代号网络图确定的前提下，若试题中给出工程量变动时，应注意同时考虑费用增加调整和对应工序工期改变与工序位置和工序总时差的关系

与索赔相关的合同管理内容★

合同类型　总价合同、单价合同、成本加酬金合同

合同文件解释顺序　施工合同协议书、中标通知书、投标书、专用条款、通用条款、标准规定、图纸、清单、其他文件

费用索赔★★★ — 相关费用计算

（1）人工费：增加工程量费用=增加的工程量×人工费预算定额；窝工费用=窝工时间×降效系数×人工费预算定额

（2）材料费：增加工程量费用=增加的工程量×材料费预算定额；窝工费用按实际消耗增加值确定

（3）机械台班费：增加工程量费用=增加的工程量×机械台班费预算定额

（4）窝工费用：一种是自有机械按照台班折旧费计算；一种是租赁费用按照租金数额计算

（5）管理费和利润：增加工程量费用可以采用基数法、总量法、完成比例法计算；窝工费用计算现场管理费，利润不予考虑

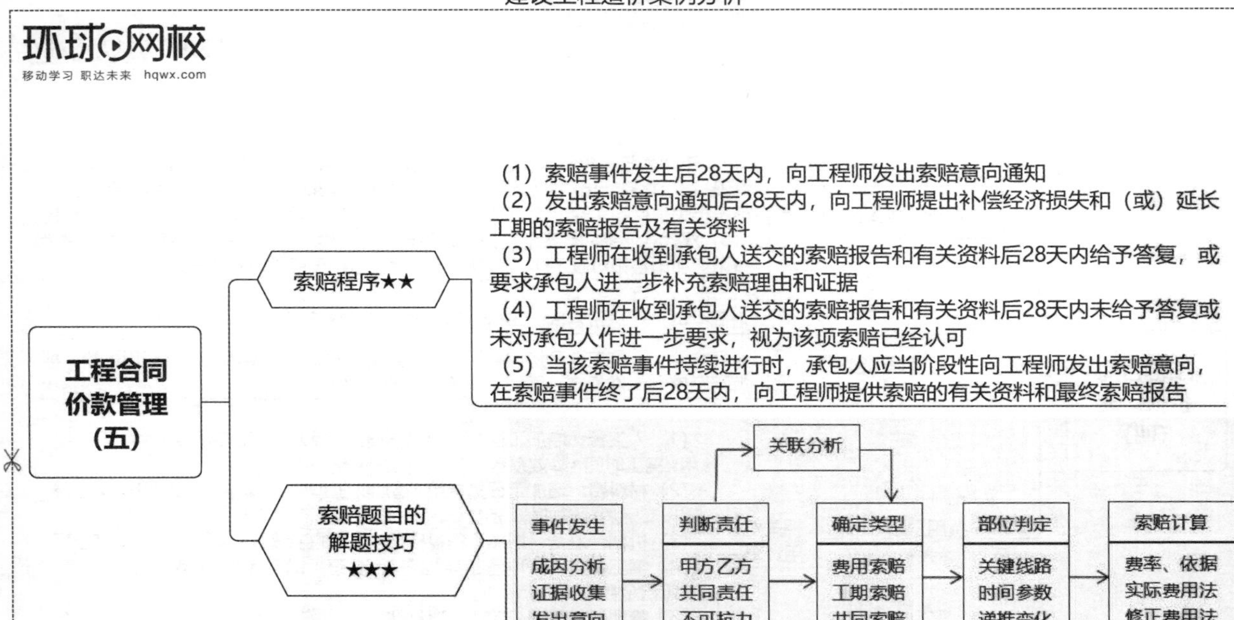
环球网校
移动学习 职达未来 hqwx.com
工程合同价款管理（五）
索赔程序★★
（1）索赔事件发生后28天内，向工程师发出索赔意向通知
（2）发出索赔意向通知后28天内，向工程师提出补偿经济损失和（或）延长工期的索赔报告及有关资料
（3）工程师在收到承包人送交的索赔报告和有关资料后28天内给予答复，或要求承包人进一步补充索赔理由和证据
（4）工程师在收到承包人送交的索赔报告和有关资料后28天内未给予答复或未对承包人作进一步要求，视为该项索赔已经认可
（5）当该索赔事件持续进行时，承包人应当阶段性向工程师发出索赔意向，在索赔事件终了后28天内，向工程师提供索赔的有关资料和最终索赔报告
索赔题目的解题技巧★★★
关联分析
事件发生
成因分析
证据收集
发出意向
判断责任
甲方乙方
共同责任
不可抗力
确定类型
费用索赔
工期索赔
共同索赔
部位判定
关键线路
时间参数
递推变化
索赔计算
费率、依据
实际费用法
修正费用法

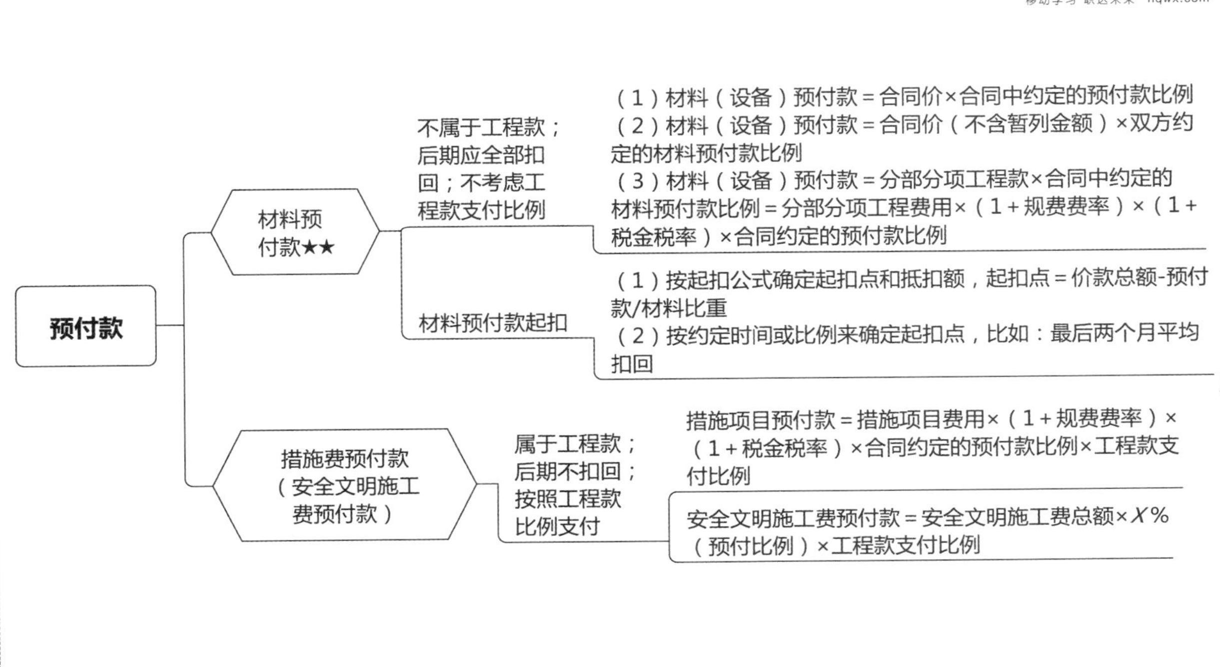
预付款
材料预付款★★
不属于工程款；后期应全部扣回；不考虑工程款支付比例
（1）材料（设备）预付款＝合同价×合同中约定的预付款比例
（2）材料（设备）预付款＝合同价（不含暂列金额）×双方约定的材料预付款比例
（3）材料（设备）预付款＝分部分项工程款×合同中约定的材料预付款比例＝分部分项工程费用×（1＋规费费率）×（1＋税金税率）×合同约定的预付款比例
材料预付款起扣
（1）按起扣公式确定起扣点和抵扣额，起扣点＝价款总额-预付款/材料比重
（2）按约定时间或比例来确定起扣点，比如：最后两个月平均扣回
措施费预付款（安全文明施工费预付款）
属于工程款；后期不扣回；按照工程款比例支付
措施项目预付款＝措施项目费用×（1＋规费费率）×（1＋税金税率）×合同约定的预付款比例×工程款支付比例
安全文明施工费预付款＝安全文明施工费总额×X%（预付比例）×工程款支付比例

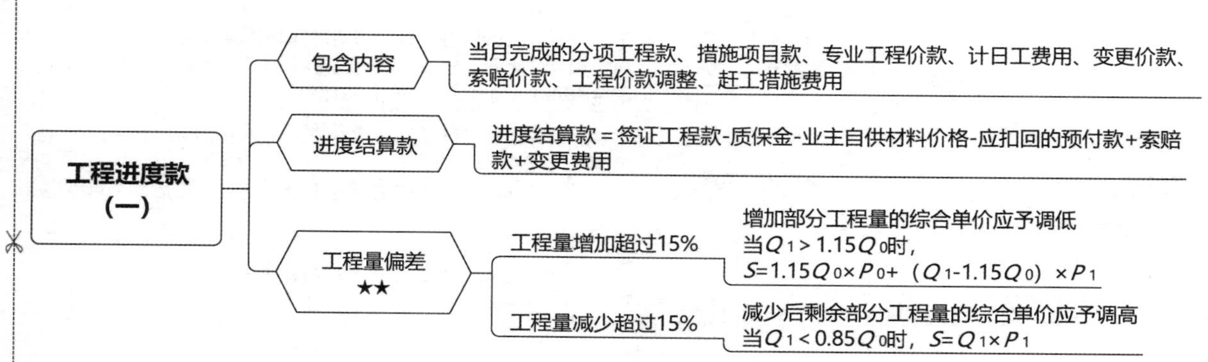
工程进度款（一）
包含内容
当月完成的分项工程款、措施项目款、专业工程价款、计日工费用、变更价款、索赔价款、工程价款调整、赶工措施费用
进度结算款
进度结算款＝签证工程款-质保金-业主自供材料价格-应扣回的预付款+索赔款+变更费用
工程量偏差★★
工程量增加超过15%
增加部分工程量的综合单价应予调低
当$Q_1>1.15Q_0$时，
$S=1.15Q_0\times P_0+(Q_1-1.15Q_0)\times P_1$
工程量减少超过15%
减少后剩余部分工程量的综合单价应予调高
当$Q_1<0.85Q_0$时，$S=Q_1\times P_1$

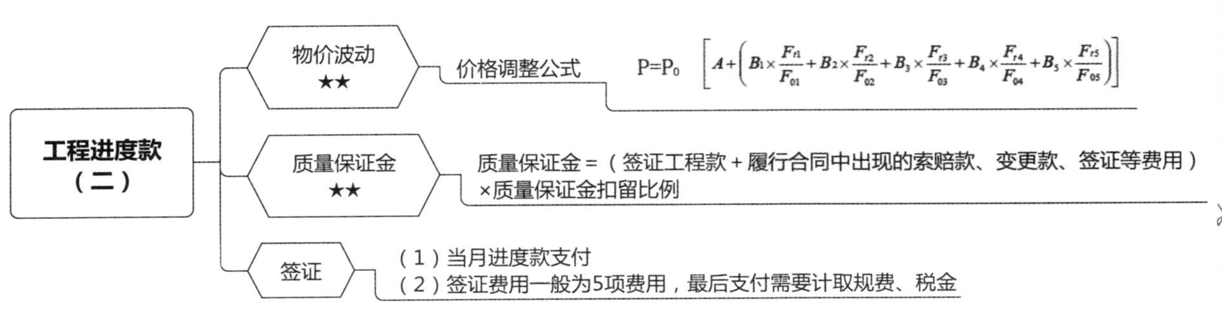
工程进度款（二）
物价波动 ★★
价格调整公式
$P=P_0\left[A+\left(B_1\times\frac{F_{t1}}{F_{01}}+B_2\times\frac{F_{t2}}{F_{02}}+B_3\times\frac{F_{t3}}{F_{03}}+B_4\times\frac{F_{t4}}{F_{04}}+B_5\times\frac{F_{t5}}{F_{05}}\right)\right]$
质量保证金 ★★
质量保证金 =（签证工程款 + 履行合同中出现的索赔款、变更款、签证等费用）×质量保证金扣留比例
签证
（1）当月进度款支付
（2）签证费用一般为5项费用，最后支付需要计取规费、税金

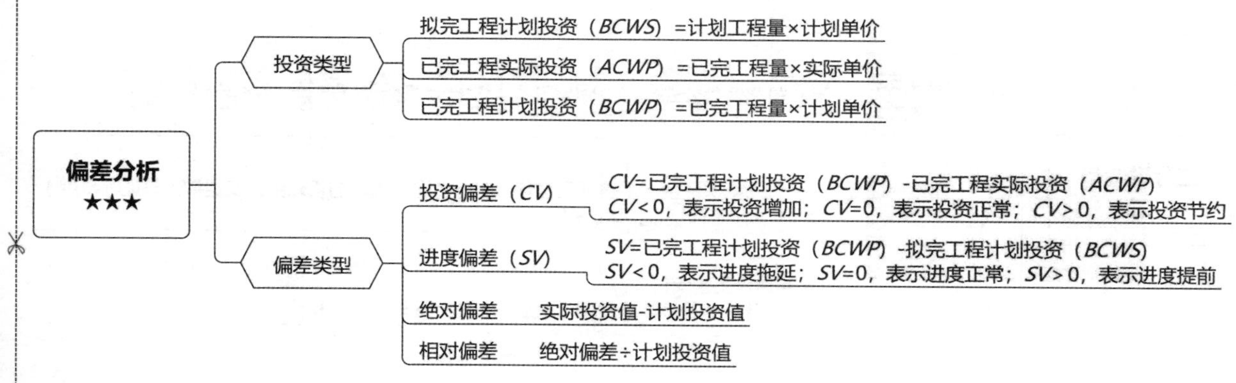
偏差分析
★★★
投资类型
拟完工程计划投资（BCWS）=计划工程量×计划单价
已完工程实际投资（ACWP）=已完工程量×实际单价
已完工程计划投资（BCWP）=已完工程量×计划单价
偏差类型
投资偏差（CV）
CV=已完工程计划投资（BCWP）-已完工程实际投资（ACWP）
CV<0，表示投资增加；CV=0，表示投资正常；CV>0，表示投资节约
进度偏差（SV）
SV=已完工程计划投资（BCWP）-拟完工程计划投资（BCWS）
SV<0，表示进度拖延；SV=0，表示进度正常；SV>0，表示进度提前
绝对偏差
实际投资值-计划投资值
相对偏差
绝对偏差÷计划投资值

建设工程技术与计量

（土木建筑工程）

随时随地，在线刷题

扫码加助教领题库软件

岩石（一）

- 岩石的主要矿物
  - （1）岩石中的石英含量越多，钻孔的难度就越大，钻头、钻机等消耗量就越多
  - （2）物理性质是鉴别矿物的主要依据
  - （3）矿物的颜色分为自色、他色和假色，自色可以作为鉴别矿物的特征，而他色和假色则不能。
    ①颜色（鉴定矿物的成分和结构）
    ②光泽（鉴定风化程度）
    ③硬度（鉴定矿物类别）

岩石（二）

岩石成因类型及其特征

沉积岩（水成岩）【层理结构】

结构	碎屑结构、泥质结构、晶粒结构、生物结构	
构造	层理构造、层面构造、结核、生物成因构造	
分类	碎屑岩	砾岩、砂岩、粉砂岩
	黏土岩	泥岩、页岩
	化学岩及生物化学岩	石灰岩、白云岩、泥灰岩

变质岩【片理构造】

原有的岩浆岩、沉积岩，由于地壳运动和岩浆活动所形成的新岩石	
结构	变余结构、变晶结构、碎裂结构
构造	板状构造、千枚状构造、片状构造、片麻状构造、块状构造（如：大理岩、石英岩）

岩浆岩（火成岩）【具块状、流纹状、气孔状、杏仁状构造】

侵入岩	浅成岩	侵入体与周围岩体的接触部位岩性不均一	花岗斑岩、闪长玢岩、辉绿岩、脉岩
	深成岩	理想的建筑基础	花岗岩、正长岩、闪长岩、辉长岩
喷出岩	产状不规则，岩性很不均匀，比侵入岩强度低、透水性强、抗风化能力差		流纹岩、粗面岩、安山岩、玄武岩、火山碎屑岩【口诀】安六（流）玄粗火

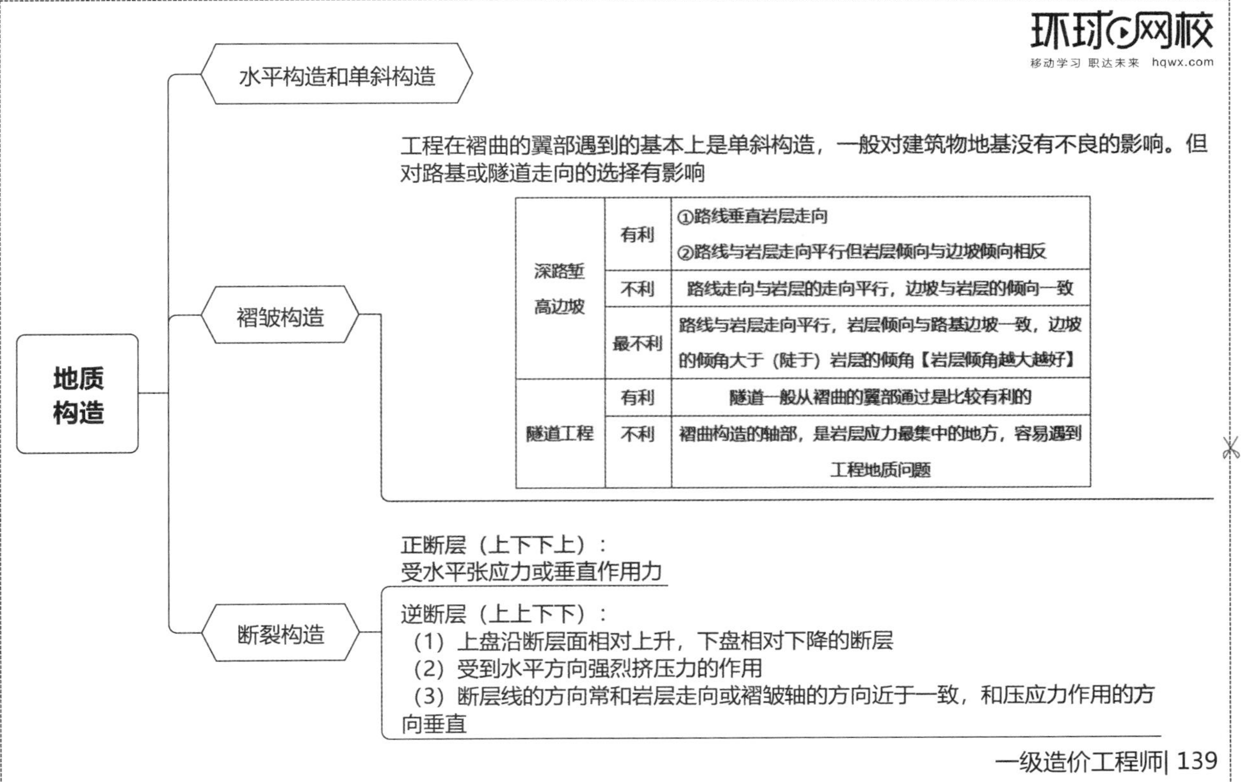

深路堑高边坡	有利	①路线垂直岩层走向 ②路线与岩层走向平行但岩层倾向与边坡倾向相反
	不利	路线走向与岩层的走向平行，边坡与岩层的倾向一致
	最不利	路线与岩层走向平行，岩层倾向与路基边坡一致，边坡的倾角大于（陡于）岩层的倾角【岩层倾角越大越好】
隧道工程	有利	隧道一般从褶曲的翼部通过是比较有利的
	不利	褶曲构造的轴部，是岩层应力最集中的地方，容易遇到工程地质问题

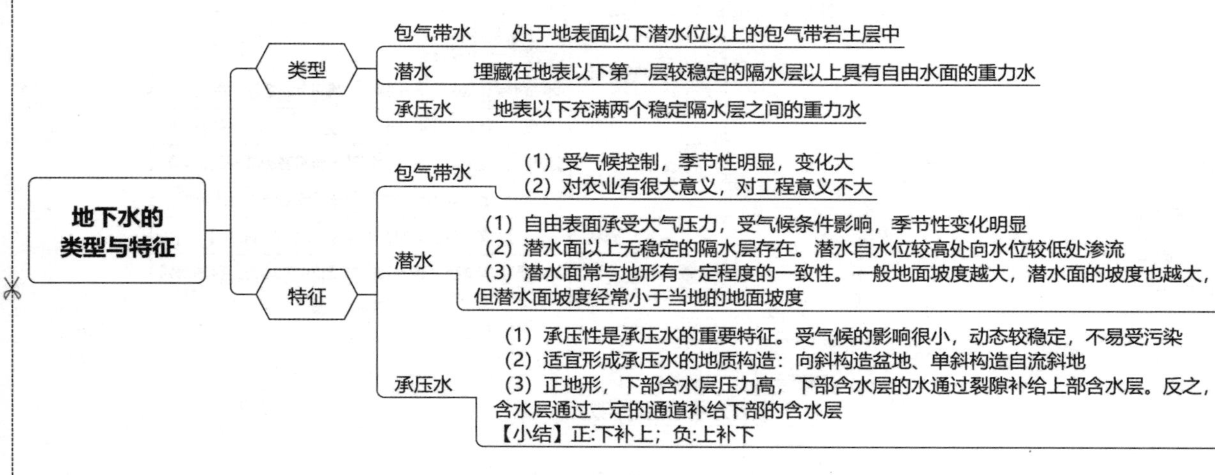
地下水的类型与特征
类型
包气带水 处于地表面以下潜水位以上的包气带岩土层中
潜水 埋藏在地表以下第一层较稳定的隔水层以上具有自由水面的重力水
承压水 地表以下充满两个稳定隔水层之间的重力水
特征
包气带水
（1）受气候控制，季节性明显，变化大
（2）对农业有很大意义，对工程意义不大
潜水
（1）自由表面承受大气压力，受气候条件影响，季节性变化明显
（2）潜水面以上无稳定的隔水层存在。潜水自水位较高处向水位较低处渗流
（3）潜水面常与地形有一定程度的一致性。一般地面坡度越大，潜水面的坡度也越大，但潜水面坡度经常小于当地的地面坡度
承压水
（1）承压性是承压水的重要特征。受气候的影响很小，动态较稳定，不易受污染
（2）适宜形成承压水的地质构造：向斜构造盆地、单斜构造自流斜地
（3）正地形，下部含水层压力高，下部含水层的水通过裂隙补给上部含水层。反之，含水层通过一定的通道补给下部的含水层
【小结】正:下补上；负:上补下

特殊地基

松散软弱土层

对不满足承载力要求的松散土层，如砂和砂砾石地层等，可挖除，也可采用固结灌浆、预制桩或灌注桩、地下连续墙或沉井等加固；对不满足抗渗要求的，可灌水泥浆或水泥黏土浆，或地下连续墙防渗；对于影响边坡稳定的，可喷混凝土护面和打土钉支护

对不满足承载力的软弱土层，如淤泥及淤泥质土，浅层的挖除，深层的可以采用振冲置换

风化、破碎岩层

不满足对地基的要求	风化	一般在地基表层，可以挖除
	破碎岩层	①较浅可以挖除 ②埋藏较深，如断层破碎带，可以用水泥浆灌浆加固或防渗
影响边坡稳定		喷混凝土或挂网喷混凝土护面，必要时配合灌浆和锚杆加固，甚至采用砌体、混凝土和钢筋混凝土等格构方式的结构护坡

断层泥化软弱夹层

断层：浅埋的尽可能清除回填，深埋的灌水泥浆处理

泥化夹层：浅埋的尽可能清除回填，深埋的一般不影响承载能力

滑坡：上截下排、上刷下挡、固结灌浆

岩溶与土洞

（1）塌陷或浅埋溶（土）洞：宜采用挖填夯实法、跨越法、充填法、垫层法进行处理

（2）深埋溶（土）洞：宜采用注浆法、桩基法、充填法进行处理

（3）落水洞及浅埋的溶沟（槽）、溶蚀（裂隙、漏斗）：宜采用跨越法、充填法进行处理

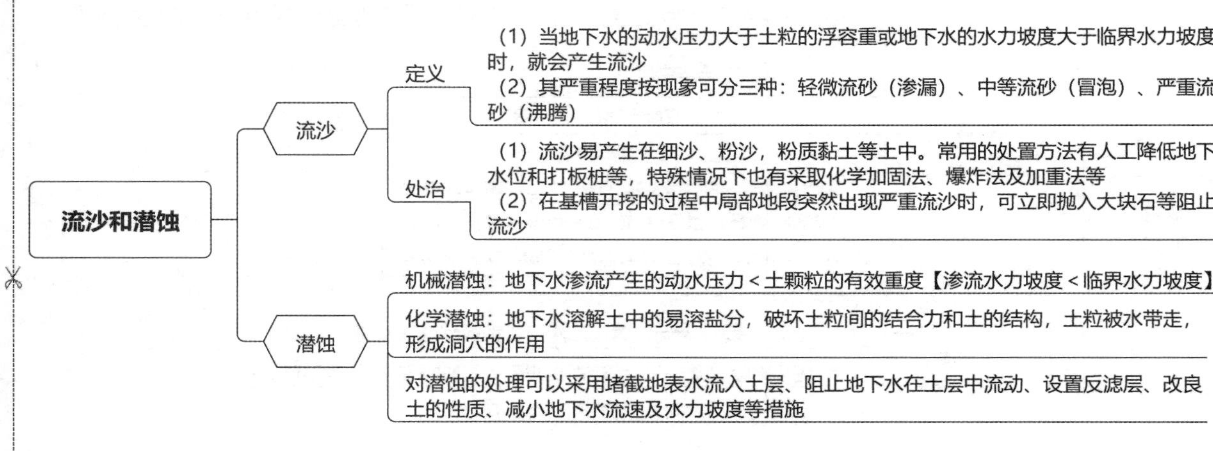
流沙和潜蚀
流沙
定义
（1）当地下水的动水压力大于土粒的浮容重或地下水的水力坡度大于临界水力坡度时，就会产生流沙
（2）其严重程度按现象可分三种：轻微流砂（渗漏）、中等流砂（冒泡）、严重流砂（沸腾）
处治
（1）流沙易产生在细沙、粉沙，粉质黏土等土中。常用的处置方法有人工降低地下水位和打板桩等，特殊情况下也有采取化学加固法、爆炸法及加重法等
（2）在基槽开挖的过程中局部地段突然出现严重流沙时，可立即抛入大块石等阻止流沙
潜蚀
机械潜蚀：地下水渗流产生的动水压力 < 土颗粒的有效重度【渗流水力坡度 < 临界水力坡度】
化学潜蚀：地下水溶解土中的易溶盐分，破坏土粒间的结合力和土的结构，土粒被水带走，形成洞穴的作用
对潜蚀的处理可以采用堵截地表水流入土层、阻止地下水在土层中流动、设置反滤层、改良土的性质、减小地下水流速及水力坡度等措施

影响边坡稳定的因素

地层岩性

- 深成侵入岩、厚层坚硬的沉积岩以及片麻岩、石英岩：一般稳定程度是较高的
- 喷出岩边坡如玄武岩、凝灰岩、火山角砾岩、安山岩：易形成直立边坡并易发生崩塌
- 含有黏土质页岩、泥岩、煤层、泥灰岩、石膏等夹层的沉积岩边坡：最易发生顺层滑动，或因下部蠕滑而造成上部岩体的崩塌
- 千枚岩、板岩及片岩：
  （1）临近斜坡表部容易出现蠕动变形
  （2）受节理切割遭风化后，常出现顺层（或片理）滑坡
- 黄土：
  （1）具有垂直节理、疏松透水，浸水后易崩解湿陷
  （2）受水浸泡或作为水库岸边时，极易发生崩塌或塌滑现象

地下水

地下水是影响边坡稳定最重要、最活跃的外在因素，作用主要表现在以下几个方面：
（1）使岩石软化或溶蚀，导致上覆岩体塌陷，进而发生崩塌或滑坡
（2）产生静水压力或动水压力，促使岩体下滑或崩倒
（3）增加了岩体重量，可使下滑力增大
（4）在寒冷地区，渗入裂隙中的水结冰，产生膨胀压力，促使岩体破坏倾倒
（5）产生浮托力，使岩体有效重量减轻，稳定性下降

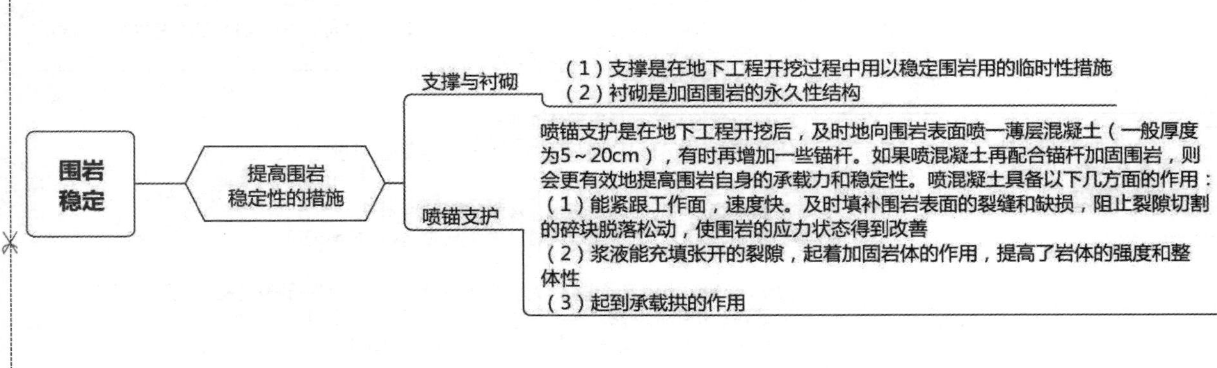
围岩稳定
提高围岩稳定性的措施
支撑与衬砌
（1）支撑是在地下工程开挖过程中用以稳定围岩用的临时性措施
（2）衬砌是加固围岩的永久性结构
喷锚支护
喷锚支护是在地下工程开挖后，及时地向围岩表面喷一薄层混凝土（一般厚度为5～20cm），有时再增加一些锚杆。如果喷混凝土再配合锚杆加固围岩，则会更有效地提高围岩自身的承载力和稳定性。喷混凝土具备以下几方面的作用：
（1）能紧跟工作面，速度快。及时填补围岩表面的裂缝和缺损，阻止裂隙切割的碎块脱落松动，使围岩的应力状态得到改善
（2）浆液能充填张开的裂隙，起着加固岩体的作用，提高了岩体的强度和整体性
（3）起到承载拱的作用

工程地质对选址和造价的影响

（1）一般中小型建设工程：考虑工程建设一定影响范围内，地质构造和地层岩性形成的土体松软、湿陷、湿胀、岩体破碎、岩石风化和潜在的斜坡滑动、陡坡崩塌、泥石流等地质问题对工程建设的影响和威胁
（2）大型建设工程：考虑区域地质构造和地质岩性形成的整体滑坡，地下水的性质、状态和活动对地基的危害
（3）特殊重要的工程：考虑地区的地震烈度，尽量避免在高烈度地区建设
（4）地下工程的选址：①考虑区域稳定性的问题；②注意避免工程走向与岩层走向交角太小甚至近乎平行

（1）裂隙（裂缝）对工程建设的影响主要表现在破坏岩体的整体性，促使岩体风化加快，增强岩体的透水性，使岩体的强度和稳定性降低
（2）裂隙（裂缝）的主要发育方向与建筑边坡走向平行的，边坡易发生坍塌。裂隙（裂缝）的间距越小，密度越大，对岩体质量的影响越大

（1）当路与断层走向平行，路基靠近断层破碎带时，由于开挖路基容易引起边坡发生大规模坍塌，直接影响施工和公路的正常使用。在公路工程建设中，应尽量避开大的断层破碎带
（2）当隧道轴线与断层走向平行时；应尽量避免与断层破碎带接触

地质资料准确性风险属于发包人应承担的风险范围，工程地质勘察不符合实际建设条件，必然会带来工程变更，导致工程造价增加

民用建筑分类（一）

按建筑物的层数和高度分

（1）建筑高度不大于27.0m 的住宅建筑、建筑高度不大于24.0m 的公共建筑及建筑高度大于24.0m 的单层公共建筑为低层或多层民用建筑

（2）建筑高度大于27.0m 的住宅建筑和建筑高度大于24.0m 的非单层公共建筑，且高度不大于100.0m 的，为高层民用建筑

（3）建筑高度大于100.0m 为超高层建筑

按建筑的耐久年限分

类别	设计使用年限/年	示例
1	5	临时性建筑
2	25	易于替换结构构件的建筑
3	50	普通建筑和构筑物
4	100	纪念性建筑和特别重要的建筑

民用建筑分类（二）

- 按建筑物的承重结构材料分
  - （1）砖木结构：适用于低层建筑（1～3层）
  - （2）砖混结构：适合开间进深较小、房间面积小、多层或低层的建筑
  - （3）型钢混凝土组合结构：
    1）与传统的钢筋混凝土结构相比，具有承载力大、刚度大、抗震性能好的优点
    2）与钢结构相比，具有防火性能好，结构局部和整体稳定性好，节省钢材的优点
    3）应用于大型结构中，力求截面最小化，承载力最大，节约空间，但是造价较高
- 按施工方法分
  - （1）全预制装配式结构：采用柔性连接技术
  - （2）预制装配整体式结构：通常采用强连接节点
  - （3）装配整体式剪力墙结构和装配整体式部分框支剪力墙结构，在规定的水平力作用下，当预制剪力墙构件底部承担的总剪力大于该层总剪力的50%时，其最大适用高度应适当降低；当预制剪力墙构件底部承担的总剪力大于该层总剪力的80%时，最大适用高度应按规定取值

民用建筑按承重体系分类

混合、框架、框-剪、剪力墙、筒体

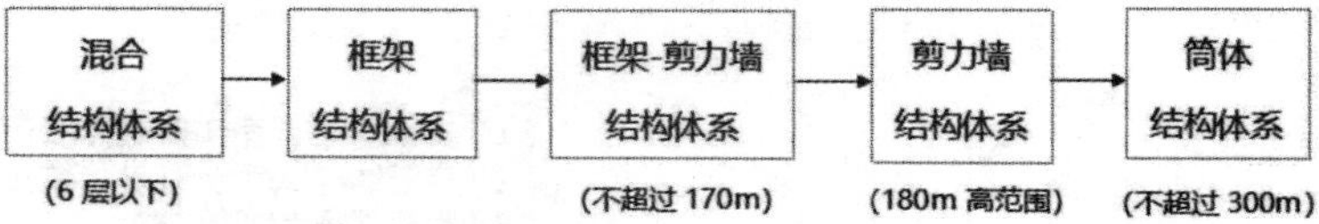

混合结构体系（6层以下）→ 框架结构体系 → 框架-剪力墙结构体系（不超过170m）→ 剪力墙结构体系（180m高范围）→ 筒体结构体系（不超过300m）

【注意】适用高度、侧向刚度、抵抗水平荷载都是从左向右依次增大

桁架、网架、拱式、悬索、薄壁空间

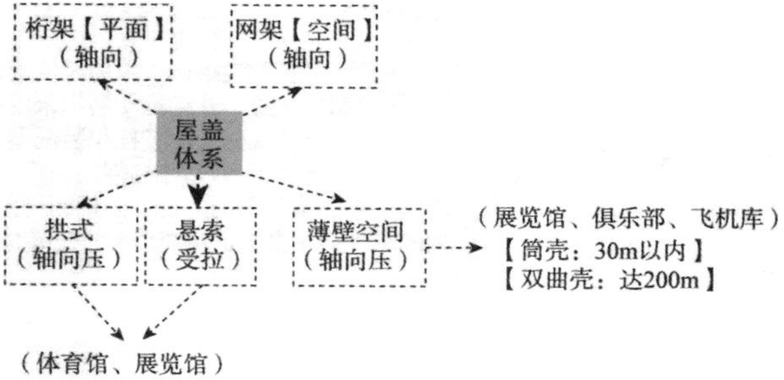

屋盖体系：

- 桁架【平面】（轴向）
- 网架【空间】（轴向）
- 拱式（轴向压）
- 悬索（受拉）
- 薄壁空间（轴向压）→（展览馆、俱乐部、飞机库）【筒壳：30m以内】【双曲壳：达200m】

拱式、悬索 →（体育馆、展览馆）

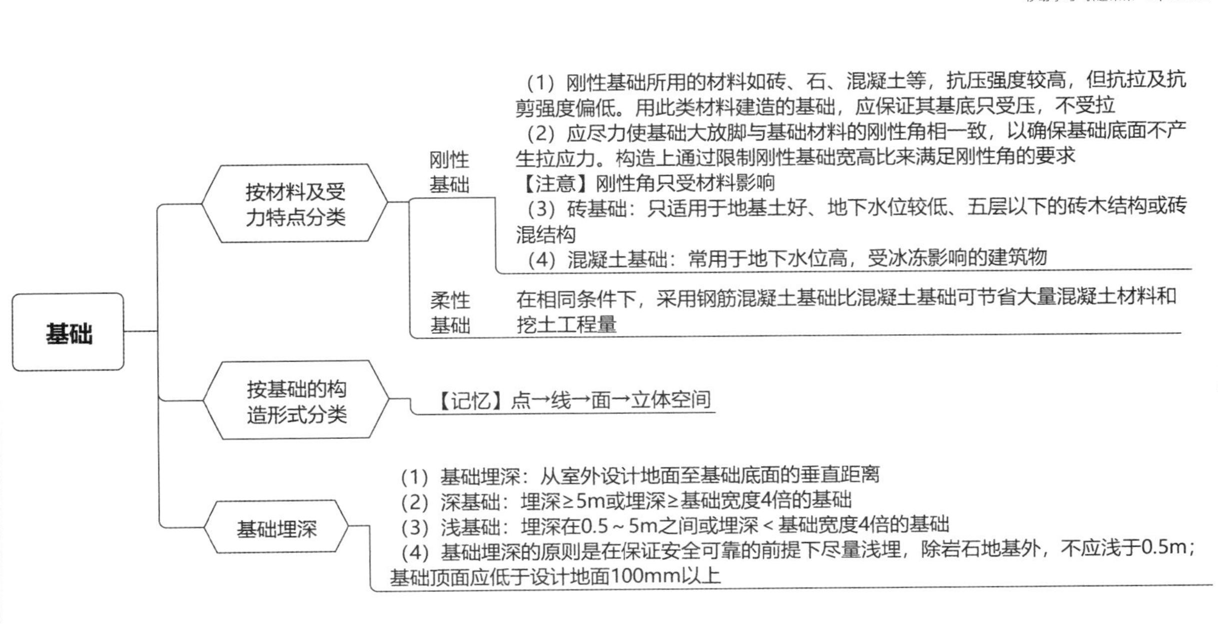
基础
按材料及受力特点分类
刚性基础
（1）刚性基础所用的材料如砖、石、混凝土等，抗压强度较高，但抗拉及抗剪强度偏低。用此类材料建造的基础，应保证其基底只受压，不受拉
（2）应尽力使基础大放脚与基础材料的刚性角相一致，以确保基础底面不产生拉应力。构造上通过限制刚性基础宽高比来满足刚性角的要求
【注意】刚性角只受材料影响
（3）砖基础：只适用于地基土好、地下水位较低、五层以下的砖木结构或砖混结构
（4）混凝土基础：常用于地下水位高，受冰冻影响的建筑物
柔性基础
在相同条件下，采用钢筋混凝土基础比混凝土基础可节省大量混凝土材料和挖土工程量
按基础的构造形式分类
【记忆】点→线→面→立体空间
基础埋深
（1）基础埋深：从室外设计地面至基础底面的垂直距离
（2）深基础：埋深≥5m或埋深≥基础宽度4倍的基础
（3）浅基础：埋深在0.5～5m之间或埋深＜基础宽度4倍的基础
（4）基础埋深的原则是在保证安全可靠的前提下尽量浅埋，除岩石地基外，不应浅于0.5m；基础顶面应低于设计地面100mm以上

地下室防潮与防水构造

地下室防潮

（1）当地下室地坪位于常年地下水位以上时，地下室需做防潮处理

（2）墙外侧设垂直防潮层

（3）地下室的所有墙体都必须设两道水平防潮层：一道设在地下室地坪附近。另一道设置在室外地面散水以上150～200mm的位置

地下室防水★★★

（1）当地下室地坪位于最高设计地下水位以下时，地下室四周墙体及底板均受水压影响，应有防水功能

（2）根据防水材料与结构基层的位置关系，有内防水和外防水两种：

1）外防水：对防水较为有利

2）内防水：对防水不太有利，但施工简便，易于维修，多用于修缮工程

（3）一般处于侵蚀介质中的工程应采用耐腐蚀的防水混凝土、防水砂浆或卷材、涂料。结构刚度较差或受振动影响的工程应采用卷材、涂料等柔性防水材料

墙体细部构造（一）

- 防潮层
  - （1）当室内地面均为实铺时，外墙墙身防潮层在室内地坪以下60mm处
  （2）当建筑物墙体两侧地坪不等高时，在每侧地表下60mm处，防潮层应分别设置，并在两个防潮层间的墙上加设垂直防潮层
  （3）当室内地面采用架空木地板时，外墙防潮层应设在室外地坪以上，地板木搁栅垫木之下
  （4）墙身防潮层一般有油毡防潮层、防水砂浆防潮层、细石混凝土防潮层和钢筋混凝土防潮层等：
  1）油毡防潮层：不宜用于下端按固定端考虑的砖砌体和有抗震要求的建筑中
  2）防水砂浆防潮层：较适于抗震地区和一般的砖砌体中。不适用于地基会产生微小变形的建筑中
  3）细石混凝土防潮层：抗裂性能好，且能与砌体结合为一体，故适用于整体刚度要求较高的建筑中
- 散水和暗沟（明沟）
  - 降水量＞900mm的地区：
  （1）暗沟（明沟）：坡度为0.5%～1%
  （2）散水：宽度一般为600～1000mm，坡度为3%～5%
  - 降水量＜900mm的地区：
  可只设置散水

墙体细部构造（二）

- 圈梁
  - 圈梁的设置：
    （1）3～4层：底层和檐口标高处各设置一道圈梁
    （2）超过4层：除应在底层和檐口标高处各设置一道圈梁外，至少应在所有纵、横墙上隔层设置
  - 钢筋混凝土圈梁的宽度一般同墙厚，当墙厚不小于240mm时，其宽度不宜小于墙厚的2/3，高度不小于120mm
- 构造柱
  - （1）按先砌墙后浇灌混凝土柱的施工顺序制成
    （2）一般在外墙四角、错层部位、横墙与外纵墙交接处、较大洞口两侧等处设设置
    （3）可不单独设置基础，但应伸入室外地面下500mm，或与埋深小于500mm的基础圈梁相连
- 变形缝
  - 沉降缝基础部分也要断开

墙体保温隔热（一）

- 外墙的保温构造
  - 按其保温层所在的位置不同分为单一保温外墙、外保温外墙、内保温外墙和夹芯保温外墙4种类型
- 外墙外保温（最科学、最高效）
  - 构造：外墙外保温的构造：保温层+保温层的固定+保温层的面层
  - 优点
    - （1）外墙外保温系统不会产生热桥，具有良好的建筑节能效果
    - （2）外保温对提高室内温度的稳定性有利
    - （3）外保温墙体能有效地减少温度波动对墙体的破坏，保护建筑物的主体结构，延长建筑物的使用寿命
    - （4）外保温墙体构造可用于新建的建筑物墙体，也可以用于旧建筑外墙的节能改造。在旧房的节能改造中，外保温结构对居住者影响较小
    - （5）外保温有利于加快施工进度，室内装修不致破坏保温层
  - 缺点：由于保温层在室外侧，故外保温构造必须能满足水密性、抗风压以及抵抗温度变化带来的不利影响。应考虑抵抗外界可能产生的外力，还应处理好门窗洞口、穿墙管线、墙角处以及面层装饰等方面的问题

墙体保温隔热（二）

外墙内保温

构造

外墙内保温的构造：保温结构由保温板和空气层组成

优点

（1）外墙内保温的保温材料在楼板处被分割，施工时仅在一个层高内进行保温施工，施工时不用脚手架或高空吊篮，施工比较安全方便，不损害建筑物原有的立面造型，施工造价相对较低

（2）由于绝热层在内侧，在夏季的晚上，墙的内表面温度随空气温度的下降而迅速下降，减少闷热感

（3）耐久性好于外墙外保温，增加了保温材料的使用寿命

（4）有利于安全防火

（5）施工方便，受风、雨天影响小

缺点

（1）保温隔热效果差，外墙平均传热系数高

（2）热桥保温处理困难，易出现结露现象

（3）占用室内使用面积

（4）不利于室内装修

（5）不利于既有建筑的节能改造

（6）保温层易出现裂缝

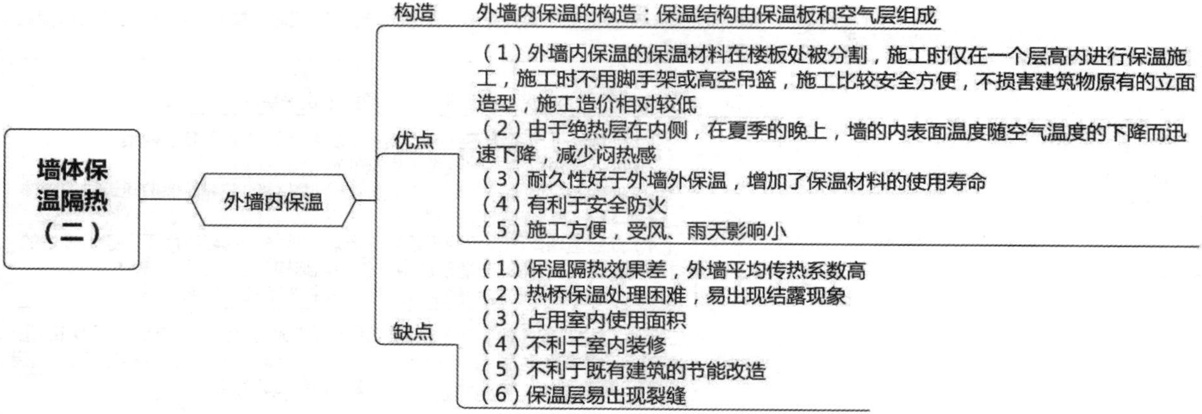

屋顶

屋顶构成

屋顶（从下到上）主要由结构层、找平层、隔汽层、找坡层、隔热层（保温层）、找平层、结合层、防水层、保护层等部分组成

平屋顶的构造

平屋顶起坡方式

（1）材料找坡（垫坡）：坡度宜为2%

（2）结构起坡（搁置起坡）：坡度宜为3%

平屋顶排水方式

屋面排水方式可分为有组织排水和无组织排水两种方式：

（1）高层建筑屋面宜采用内排水

（2）多层建筑屋面宜采用有组织外排水

（3）低层建筑及檐高小于10m的屋面，可采用无组织排水

（4）多跨及汇水面积较大的屋面宜采用天沟排水，天沟找坡较长时宜采用中间内排水和两端外排水

（5）严寒地区应采用内排水

（6）湿陷性黄土地区宜采用有组织排水，并应将雨雪水直接排至排水管网

屋面落水管的布置

（1）$F=438D^2/H$。【注意】D的单位为cm，结果向上取整

（2）在工程实践中，落水管间的距离（天沟内流水距离）以10～15m为宜

坡屋顶的构造

坡屋顶的承重结构

（1）砖墙承重（硬山搁檩）：适用于开间较小的房屋

（2）屋架承重

（3）梁架结构（穿斗结构）

（4）钢筋混凝土梁板承重

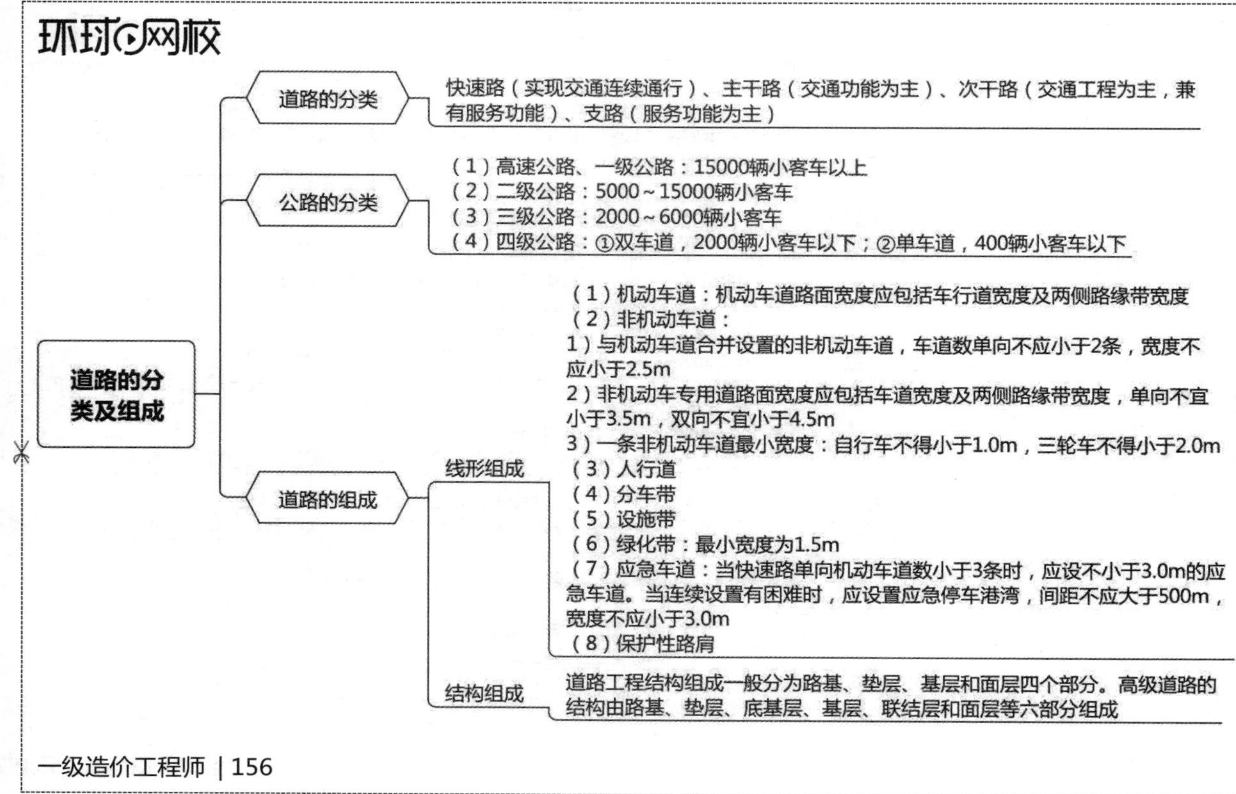
环球网校
道路的分类及组成
道路的分类
快速路（实现交通连续通行）、主干路（交通功能为主）、次干路（交通工程为主，兼有服务功能）、支路（服务功能为主）
公路的分类
（1）高速公路、一级公路：15000辆小客车以上
（2）二级公路：5000～15000辆小客车
（3）三级公路：2000～6000辆小客车
（4）四级公路：①双车道，2000辆小客车以下；②单车道，400辆小客车以下
道路的组成
线形组成
（1）机动车道：机动车道路面宽度应包括车行道宽度及两侧路缘带宽度
（2）非机动车道：
1）与机动车道合并设置的非机动车道，车道数单向不应小于2条，宽度不应小于2.5m
2）非机动车专用道路面宽度应包括车道宽度及两侧路缘带宽度，单向不宜小于3.5m，双向不宜小于4.5m
3）一条非机动车道最小宽度：自行车不得小于1.0m，三轮车不得小于2.0m
（3）人行道
（4）分车带
（5）设施带
（6）绿化带：最小宽度为1.5m
（7）应急车道：当快速路单向机动车道数小于3条时，应设不小于3.0m的应急车道。当连续设置有困难时，应设置应急停车港湾，间距不应大于500m，宽度不应小于3.0m
（8）保护性路肩
结构组成
道路工程结构组成一般分为路基、垫层、基层和面层四个部分。高级道路的结构由路基、垫层、底基层、基层、联结层和面层等六部分组成

路基形式★★★

- 填方路基
  - （1）填土路基：宜选用级配较好的粗粒土作填料。用不同填料填筑路基时，应分层填筑，每一水平层均应采用同类填料。【注意】同类土、分层填
  - （2）填石路基：填石路基是指用不易风化的开山石料填筑的路堤
  - （3）砌石路基：用不易风化的开山石料外砌、内填而成的路堤。砌石顶宽采用0.8m，基底面以1：5向内倾斜，砌石高度为2～15m。砌石路基应每隔15～20m设伸缩缝一道
  - （4）护肩路基：坚硬岩石地段陡山坡上的半填半挖路基，当填方不大，但边坡伸出较远不易修筑时，可修筑护肩。护肩应采用当地不易风化片石砌筑，高度一般不超过2m，其内外坡均直立，基底面以1：5坡度向内倾斜
  - （5）护脚路基：当山坡上的填方路基有沿斜坡下滑的倾向或为加固、收回填方坡脚时，可采用护脚路基。护脚断面为梯形，顶宽不小于1m，内外侧坡坡度可采用1：0.5～1：0.75，其高度不宜超过5m
- 挖方路基
  - 分为土质挖方路基和石质挖方路基
- 半填半挖路基
  - （1）在地面自然横坡度陡于1：5的斜坡上修筑路堤时，路堤基底应挖台阶，台阶宽度不得小于1m，台阶底应有2%～4%向内倾斜的坡度
  - （2）分期修建和改建公路加宽时，新旧路基填方边坡的衔接处，应开挖台阶。高速公路、一级公路，台阶宽度一般为2m。土质路基填挖衔接处应采取超挖回填措施

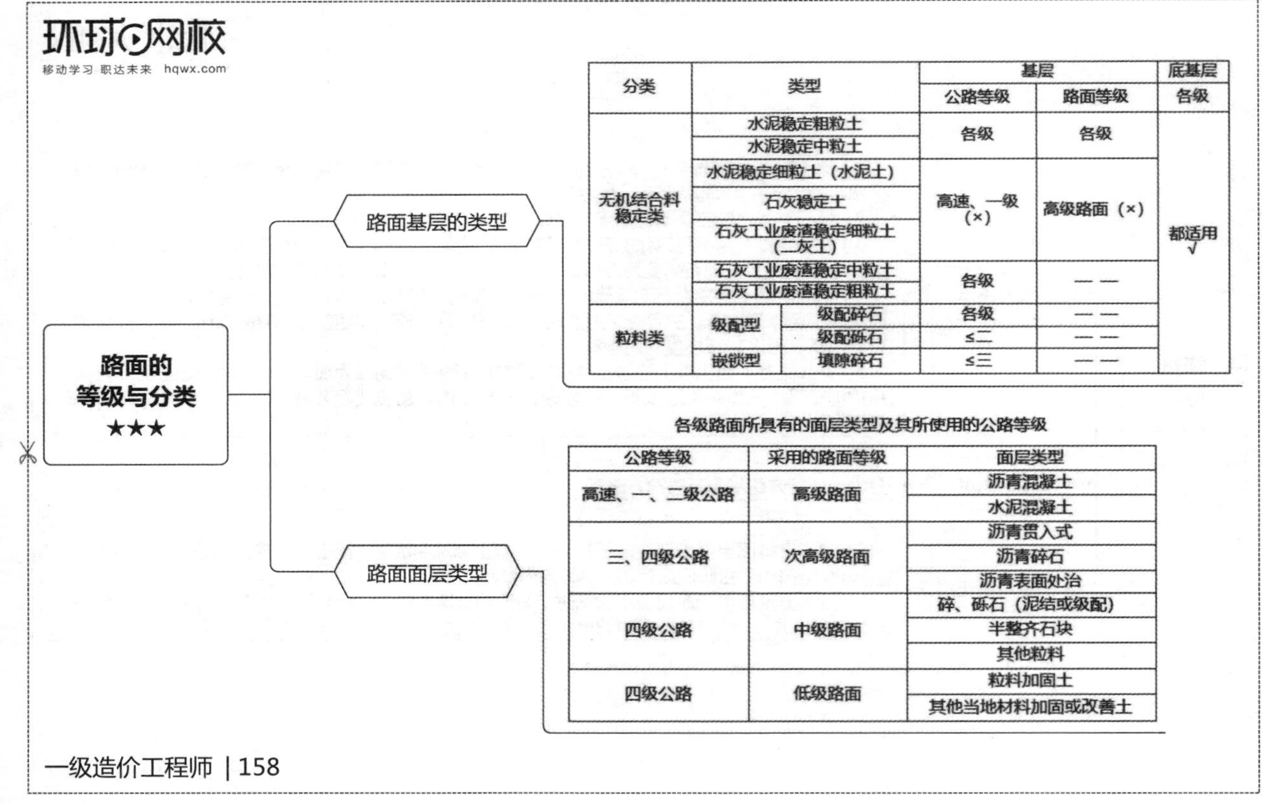

分类	类型		基层		底基层
			公路等级	路面等级	各级
无机结合料稳定类	水泥稳定粗粒土		各级	各级	都适用√
	水泥稳定中粒土				
	水泥稳定细粒土（水泥土）		高速、一级（×）	高级路面（×）	
	石灰稳定土				
	石灰工业废渣稳定细粒土（二灰土）				
	石灰工业废渣稳定中粒土		各级	— —	
	石灰工业废渣稳定粗粒土				
粒料类	级配型	级配碎石	各级	— —	
		级配砾石	≤二	— —	
	嵌锁型	填隙碎石	≤三	— —	

各级路面所具有的面层类型及其所使用的公路等级

公路等级	采用的路面等级	面层类型
高速、一、二级公路	高级路面	沥青混凝土
		水泥混凝土
三、四级公路	次高级路面	沥青贯入式
		沥青碎石
		沥青表面处治
四级公路	中级路面	碎、砾石（泥结或级配）
		半整齐石块
		其他粒料
四级公路	低级路面	粒料加固土
		其他当地材料加固或改善土

承载结构（一）★★★

- 梁式桥
  - （1）简支板桥，主要用于小跨度桥梁：
    1）跨径在4～8m时，采用钢筋混凝土实心板桥
    2）跨径在6～13m时，采用钢筋混凝土空心倾斜预制板桥
    3）跨径在8～16m时，采用预应力混凝土空心预制板桥
  - （2）肋梁式简支梁桥（简支梁桥），简支梁桥主要用于中等跨度的桥梁：
    1）中小跨径在8～12m时，采用钢筋混凝土简支梁桥
    2）跨径在20～50m时，多采用预应力混凝土简支梁桥
    3）在我国使用最多的简支梁桥的横截面形式是由多片T形梁组成的横截面
  - （3）箱形简支梁桥，主要用于预应力混凝土梁桥，尤其适用于桥面较宽的预应力混凝土桥梁结构和跨度较大的斜交桥和弯桥
- 拱式桥
  - 对地基要求高
- 刚架桥
  - 梁柱结点为刚结

承载结构（二）★★★

悬索桥（吊桥）

现代悬索桥一般由桥塔、主缆索、锚碇、吊索、加劲梁及索鞍等主要部分组成

桥塔	①高度主要由桥面标高和主缆索的垂跨比f/L确定，通常垂跨比f/L为1/9～1/12 ②大跨度悬索桥的桥塔主要采用钢结构和钢筋混凝土结构。其结构形式可分为桁架式、刚架式和混合式三种。刚架式桥塔通常采用箱形截面
锚碇	主缆索的锚固构造。通常采用的锚碇有两种形式：重力式和隧洞式
主缆索	悬索桥的主要承重构件，可采用钢丝绳钢缆或平行丝束钢缆，大跨度吊桥的主缆索多采用后者
吊索	吊索可布置成垂直形式的直吊索或倾斜形式的斜吊索，其上端通过索夹与主缆索相连，下端与加劲梁连接
加劲梁	加劲梁是承受风载和其他横向水平力的主要构件。大跨度悬索桥的加劲梁均为钢结构，通常采用桁架梁和箱形梁。预应力混凝土加劲梁仅适用于跨径500m以下的悬索桥，大多采用箱形梁
索鞍	支撑主缆的重要构件

共同沟 ★★★

- 共同沟系统组成
  - （1）共同沟本体
  - （2）管线：共同沟中收容的各种管线是共同沟的核心和关键。以收容电力、电信、煤气、供水、污水为主。目前，原则上各种城市管线都可以进入共同沟，但对于雨水管、污水管等各种重力流管线，进入共同沟将增加共同沟的造价，应慎重对待
  - （3）地面设施
  - （4）标识系统
- 共同沟建设常用形式
  - 干线共同沟
    - （1）主要收容城市中的各种供给主干线，但不直接为周边用户提供服务
    - （2）设置于道路中央下方
    - （3）特点为结构断面尺寸大、覆土深、系统稳定且输送量大，具有高度的安全性，维修及检测要求高
  - 支线共同沟
    - （1）主要收容城市中的各种供给支线，为干线共同沟和终端用户之间联系的通道
    - （2）设于人行道下
    - （3）特点为有效断面较小，施工费用较少，系统稳定性和安全性较高
  - 缆线共同沟
    - （1）直接供应各终端用户
    - （2）埋设在人行道下
    - （3）其特点为空间断面较小，埋深浅，建设施工费用较少，不设通风、监控等设备，在维护及管理上较为简单

常用的建筑钢材（一）

钢筋混凝土结构用钢（1）★★★

非预应力	预应力
HPB300	HRB400、HRB500、HRB600
CRB550、CRB600H、CRB680H	CRB650、CRB800、CRB680H、CRB800H
冷拔低碳钢丝	---
------	热处理钢筋、钢丝、钢绞线

1）热轧钢筋：

①热轧光圆钢筋，可用于中小型混凝土结构的受力钢筋或箍筋，以及作为冷加工（冷拉、冷拔、冷轧）的原料

②热轧带肋钢筋表面有纵肋和横肋，从而加强了钢筋与混凝土中间的握裹力，可用于混凝土结构受力筋，以及预应力钢筋

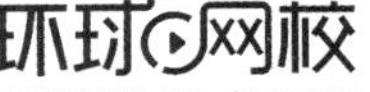

常用的建筑钢材（二）

- 钢筋混凝土结构用钢（2）★★★
  - 2）冷加工钢筋
    ①冷拉热轧钢筋：
    a.卸荷后立即重新拉伸，卸荷点成为新的屈服点，因此冷拉可使屈服点提高，材料变脆、屈服阶段缩短，塑性、韧性降低
    b.若卸荷后不立即重新拉伸，而是保持一定时间后重新拉伸，钢筋的屈服强度、抗拉强度进一步提高，而塑性、韧性继续降低，这种现象称为冷拉时效
    ②冷轧带肋钢筋：具有强度高、握裹力强、节约钢材、质量稳定等优点
    ③冷拔低碳钢丝：不得作预应力钢筋使用、只有CDW550一个牌号
  - 3）预应力混凝土热处理钢筋
  - 4）预应力混凝土用钢丝与钢绞线
- 钢结构用钢
  - 厚板厚度＞4mm、薄板厚度≤4mm

钢材的性能（一）

- 力学性能
  - 抗拉性能（屈服强度、抗拉强度、伸长率）、冲击性能、硬度、疲劳性能
- 工艺性能
  - 弯曲性能、焊接性能
- 抗拉性能
  - 抗拉性能是钢材的最主要性能，表征其性能的技术指标主要是屈服强度、抗拉强度和伸长率：

    （1）屈服强度

    （2）抗拉强度：

    1）强屈比能反映钢材的利用率和结构安全可靠程度

    2）强屈比越大，反映钢材受力超过屈服点工作时的可靠性越大，因而结构的安全性越高

    3）但强屈比太大，则反映钢材不能有效地被利用

    （3）伸长率：

    1）伸长率表征了钢材的塑性变形能力。伸长率的大小与标距长度有关

    2）塑性变形在标距内的分布是不均匀的，颈缩处的伸长较大，离颈缩部位越远变形越小

    3）原标距与试件的直径之比越大，颈缩处伸长值在整个伸长值中的比重越小，计算伸长率越小

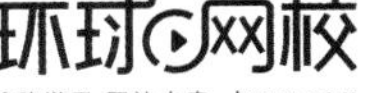
环球网校
移动学习 职达未来 hqwx.com

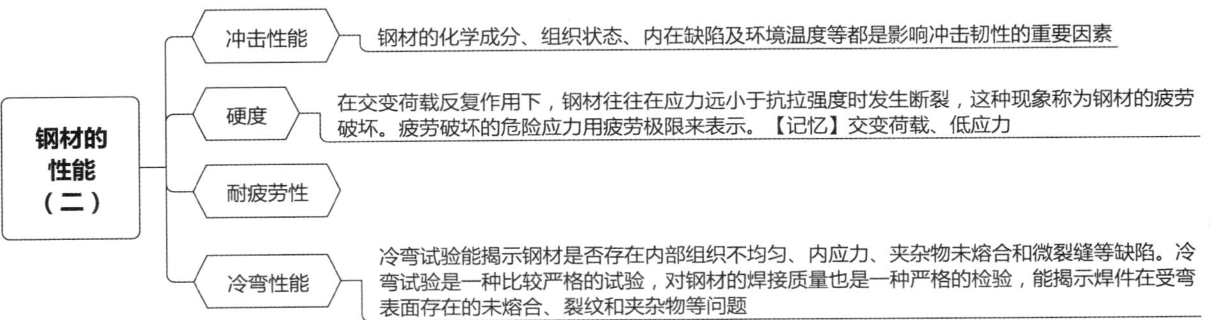
钢材的性能（二）
冲击性能
钢材的化学成分、组织状态、内在缺陷及环境温度等都是影响冲击韧性的重要因素
硬度
在交变荷载反复作用下，钢材往往在应力远小于抗拉强度时发生断裂，这种现象称为钢材的疲劳破坏。疲劳破坏的危险应力用疲劳极限来表示。【记忆】交变荷载、低应力
耐疲劳性
冷弯性能
冷弯试验能揭示钢材是否存在内部组织不均匀、内应力、夹杂物未熔合和微裂缝等缺陷。冷弯试验是一种比较严格的试验，对钢材的焊接质量也是一种严格的检验，能揭示焊件在受弯表面存在的未熔合、裂纹和夹杂物等问题

水泥（一）
★★★

硅酸盐水泥及普通硅酸盐水泥的技术性质

（1）细度：颗粒越细，水化速度越快，早期强度高，但硬化收缩较大

（2）凝结时间：

初凝：加水拌和→开始失去塑性（≥45min）

终凝：加水拌和→完全失去塑性并开始产生强度（硅≤6.5h，普≤10h）

（3）体积安定性：引起安定性不良的主要原因是熟料中游离氧化钙、游离氧化镁或石膏含量过多

（4）强度（胶砂强度）：在标准温度（20℃±1℃）的水中养护，测3d和28d试件的抗折和抗压强度

（5）碱含量：若使用活性骨料，碱含量不得大于0.6%

（6）水化热：水化热主要在早期释放，后期逐渐减少。对大体积混凝土工程不利

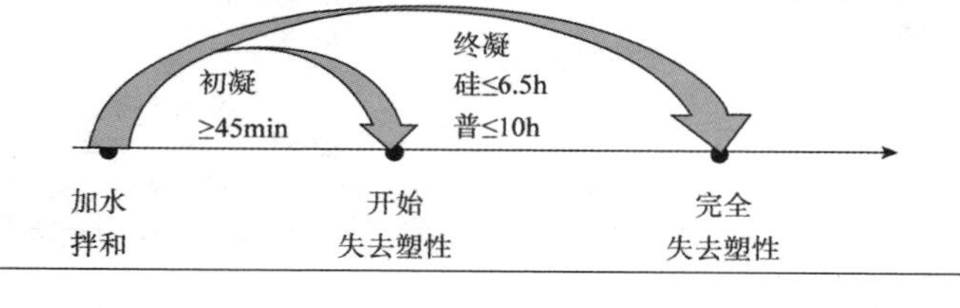

掺混合材料的硅酸盐水泥

活性（水硬性）：粒化高炉矿渣、粒化高炉矿渣粉、粉煤灰、火山灰质混合材料

非活性（填充性）：石灰石和砂岩，其中石灰石中的Al_2O_3含量应不大于2.5%

水泥（二）
★★★

常用水泥的主要特性及适用范围

特性PK：红队 vs 绿队

	红队：硅酸盐	红队：普通硅酸盐	绿队：矿渣（热）	绿队：火山灰（渗）	绿队：粉煤灰（干）	绿队：复合
代号	P·Ⅰ、P·Ⅱ	P·O	P·S	P·P	P·F	P·C
特性	1.早期强度高、水化热大 2.耐冻性好、耐腐蚀性差		1.早期强度低、水化热小 2.抗冻性较差、耐硫酸盐侵蚀和耐水性较好			
适用性	1.配制高强度等级混凝土及早期强度要求高的工程 2.冬季严寒反复冻融地区		1.有抗硫酸盐侵蚀要求的一般工程 2.大体积混凝土结构，蒸气养护的混凝土结构			

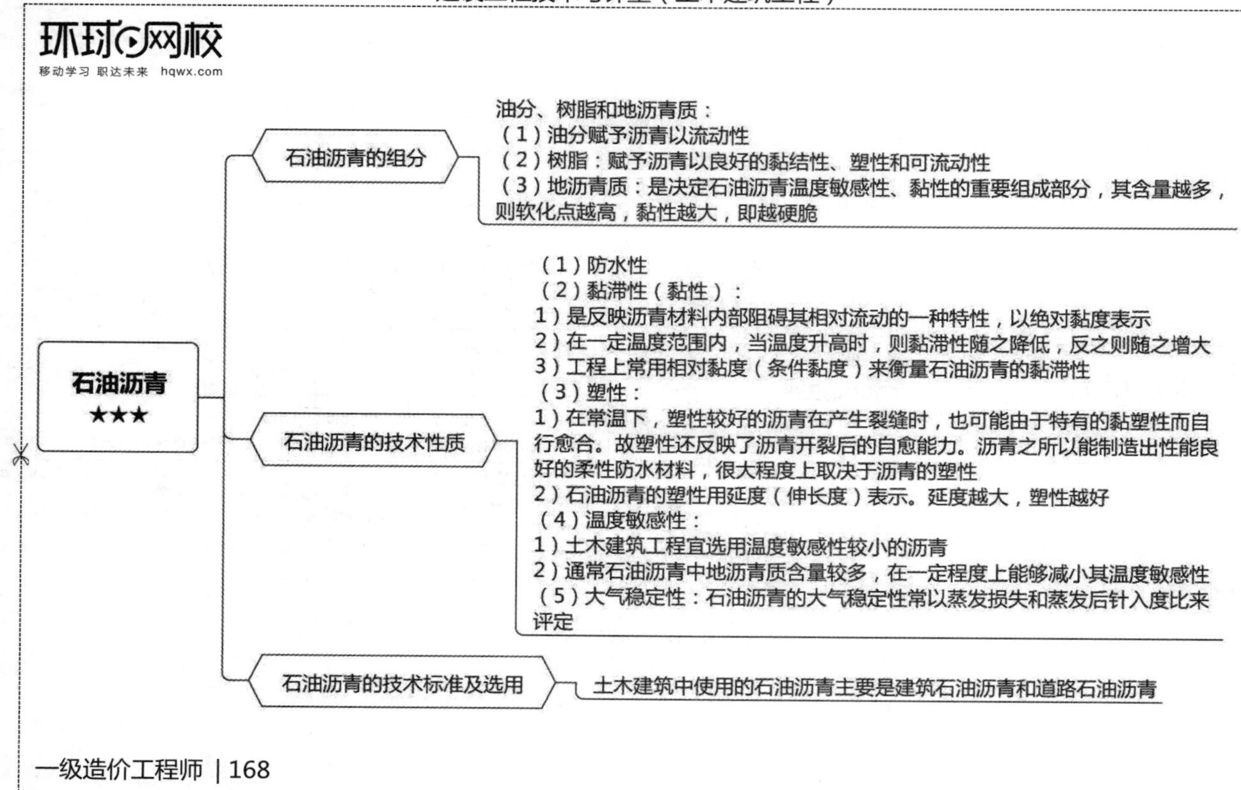
环球网校
移动学习 职达未来 hqwx.com
石油沥青
★★★
石油沥青的组分
油分、树脂和地沥青质：
（1）油分赋予沥青以流动性
（2）树脂：赋予沥青以良好的黏结性、塑性和可流动性
（3）地沥青质：是决定石油沥青温度敏感性、黏性的重要组成部分，其含量越多，则软化点越高，黏性越大，即越硬脆
石油沥青的技术性质
（1）防水性
（2）黏滞性（黏性）：
1）是反映沥青材料内部阻碍其相对流动的一种特性，以绝对黏度表示
2）在一定温度范围内，当温度升高时，则黏滞性随之降低，反之则随之增大
3）工程上常用相对黏度（条件黏度）来衡量石油沥青的黏滞性
（3）塑性：
1）在常温下，塑性较好的沥青在产生裂缝时，也可能由于特有的黏塑性而自行愈合。故塑性还反映了沥青开裂后的自愈能力。沥青之所以能制造出性能良好的柔性防水材料，很大程度上取决于沥青的塑性
2）石油沥青的塑性用延度（伸长度）表示。延度越大，塑性越好
（4）温度敏感性：
1）土木建筑工程宜选用温度敏感性较小的沥青
2）通常石油沥青中地沥青质含量较多，在一定程度上能够减小其温度敏感性
（5）大气稳定性：石油沥青的大气稳定性常以蒸发损失和蒸发后针入度比来评定
石油沥青的技术标准及选用
土木建筑中使用的石油沥青主要是建筑石油沥青和道路石油沥青

改性沥青★★★

- 橡胶改性性沥
  - 氯丁橡胶改性沥青可用于路面的稀浆封层和制作密封材料和涂料等
  - 丁基橡胶改性沥青具有优异的耐分解性，并有较好的低温抗裂性能和耐热性能，多用于道路路面工程和制作密封材料和涂料
  - SBS改性沥青具有良好的耐高温性、优异的低温柔性和耐疲劳性，是目前应用最成功和用量最大的一种改性沥青。主要用于制作防水卷材和铺筑高等级公路路面等
  - 再生橡胶改性沥青材料可以制成卷材、片材、密封材料、胶粘剂和涂料等
- 树脂改性沥青
  - 古马隆树脂又名香豆桐树脂。这种沥青的黏性较大
  - 聚乙烯树脂改性沥青的耐高温性和耐疲劳性有显著改善，低温柔性也有所改善
  - 乙烯-乙酸乙烯共聚物（EVA）、无规聚丙烯（APP）制成的改性沥青具有良好的弹塑性、耐高温性和抗老化性，多用于防水卷材、密封材料和防水涂料等
- 橡胶和树脂改性沥青
  - 主要有卷材、片材、密封材料、防水涂料等
- 矿物填充料改性沥青
  - 常用的矿物填充料大多是粉状的和纤维状的，主要的有滑石粉、石灰石粉、硅藻土和石棉等

常用混凝土外加剂（一）★★★

- 减水剂
  - 混凝土掺入减水剂的技术经济效果：减水增强、提高流动性、节约水泥
  - 减水剂常用品种：普通减水剂、高效减水剂、高性能减水剂。高性能减水剂目前主要为聚羧酸盐类产品，有标准型、早强型和缓凝型等品种：
    （1）缓凝型聚羧酸系高性能减水剂宜用于大体积混凝土，不宜用于日最低气温5℃以下施工的混凝土
    （2）早强型聚羧酸系高性能减水剂宜用于有早强要求或低温季节施工的混凝土，但不宜用于日最低气温-5℃以下施工的混凝土，且不宜用于大体积混凝土
- 早强剂
  - 提高混凝土早期强度，并对后期强度无显著影响。早强剂多用于抢修工程和冬季施工的混凝土。宜用于蒸养、常温、低温和最低温度不低于-5℃环境中施工的有早强要求的混凝土工程。炎热条件以及环境温度低于-5℃时不宜使用早强剂。早强剂不宜用于大体积混凝土
  - 目前常用的早强剂：氯盐、硫酸盐、三乙醇胺和以它们为基础的复合早强剂

环球网校 移动学习 职达未来 hqwx.com

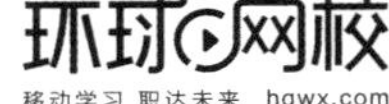

常用混凝土外加剂（二）★★★

- 引气剂及引气减水剂
  - （1）减少拌合物泌水离析、改善和易性，同时显著提高硬化混凝土抗冻融耐久性的外加剂
  - （2）以松香树脂类的松香热聚物的效果较好，最常使用
  - （3）引气减水剂常在道路、桥梁、港口和大坝等工程上采用
  - （4）引气剂和引气减水剂，除用于抗冻、防渗、抗硫酸盐混凝土外，还宜用于泌水严重的混凝土、贫混凝土以及对饰面有要求的混凝土和轻骨料混凝土，不宜用于蒸养混凝土和预应力混凝土
- 缓凝剂
  - 用于大体积混凝土、炎热气候条件下施工的混凝土或长距离运输的混凝土，不宜单独用于蒸养混凝土
- 泵送剂
  - 不宜用于蒸汽养护混凝土和蒸压养护的预制混凝土
- 膨胀剂
  - 用于补偿收缩混凝土和自应力混凝土

沥青混合料 ★★★

材料组成与结构

- 主要材料要求：沥青混合料主要由沥青、粗集料、细集料、矿粉组成，有的还加入聚合物和木纤维素拌合而成
- 组成结构：
  - （1）悬浮密实结构：该结构具有较大的黏聚力，但内摩擦角较小，高温稳定性较差，如普通沥青混合料（AC）属于此种类型
  - （2）骨架空隙结构：这种沥青混合料内摩擦角较高，但黏聚力较低，受沥青材料性质的变化影响较小，因而热稳定性较好，但沥青与矿料的黏结力较小、空隙率大、耐久性较差。沥青碎石混合料（AM）多属此类型
  - （3）骨架密实结构：这种结构的沥青混合料不仅内摩擦角较高，黏聚力较高，密实度、强度和稳定性都较好，是一种较理想的结构类型，如沥青玛𤧛脂混合料（SMA）

沥青混合料的技术性质

（1）高温稳定性

（2）低温抗裂性：沥青混合料低温开裂是由混合料的低温脆化、低温收缩和温度疲劳引起的

（3）耐久性：沥青混合料的耐久性与组成材料的性质和配合比有密切关系

（4）抗滑性：采取适当增大集料粒径、减少沥青用量及控制沥青的含蜡量等措施，均可提高路面的抗滑性

（5）施工和易性：从混合料的材料性质来看，影响施工和易性的是混合料的级配和沥青用量

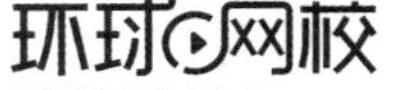

防水材料

防水卷材★★★

- 聚合物改性沥青防水卷材
  - （1）SBS（弹性体）：尤其适用于寒冷地区和结构变形频繁的建筑物防水，并可采用热熔法施工
  - （2）APP（塑性体）：尤其适用于高温或有强烈太阳辐射地区的建筑物防水
- 合成高分子防水卷材

防水涂料

- 高聚物改性沥青防水涂料：品种有再生橡胶改性防水涂料、氯丁橡胶改性沥青防水涂料、SBS橡胶改性沥青防水涂料、聚氯乙烯改性沥青防水涂料等
- 合成高分子防水涂料：这类涂料具有高弹性、高耐久性及优良的耐高低温性能，品种有聚氨酯防水涂料、丙烯酸酯防水涂料、环氧树脂防水涂料和有机硅防水涂料等

建筑密封材料

- 不定型密封材料
  - （1）丙烯酸类密封膏：主要用于屋面、墙板、门、窗嵌缝，但它的耐水性不算很好，所以不宜用于经常泡在水中的工程，不宜用于广场、公路、桥面等有交通来往的接缝中，也不用于水池、污水处理厂、灌溉系统、堤坝等水下接缝中
  - （2）聚氨酯密封膏：尤其适用于游泳池工程。它还是公路及机场跑道的补缝、接缝的好材料，也可用于玻璃、金属材料的嵌缝
- 定型密封材料：定型密封材料包括密封条带和止水带

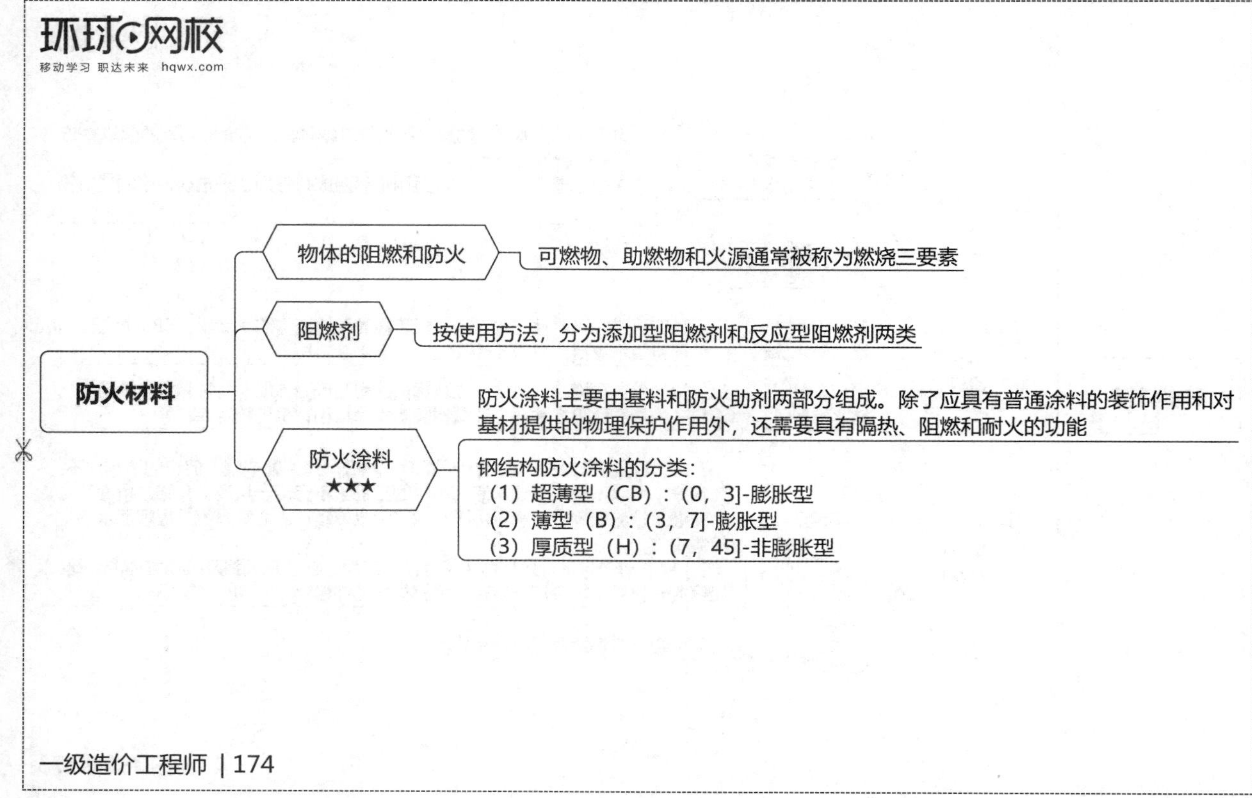
环球网校
移动学习 职达未来 hqwx.com
防火材料
物体的阻燃和防火
可燃物、助燃物和火源通常被称为燃烧三要素
阻燃剂
按使用方法，分为添加型阻燃剂和反应型阻燃剂两类
防火涂料
★★★
防火涂料主要由基料和防火助剂两部分组成。除了应具有普通涂料的装饰作用和对基材提供的物理保护作用外，还需要具有隔热、阻燃和耐火的功能
钢结构防火涂料的分类：
（1）超薄型（CB）：(0，3]-膨胀型
（2）薄型（B）：(3，7]-膨胀型
（3）厚质型（H）：(7，45]-非膨胀型

基坑（槽）支护

横撑式支撑★★★

开挖较窄的沟槽，多用横撑式土壁支撑

横撑式支撑	适用情况	
水平挡土板式	间断式	湿度小的黏性土挖土深度小于 3m 时
	连续式	松散、湿度大的土，挖土深度可达 5m
垂直挡土板式	对松散和湿度很高的土可用垂直挡土板式支撑，其挖土深度不限	

重力式支护结构

水泥土搅拌桩（或称深层搅拌桩）支护结构是近年来发展起来的一种重力式支护结构：

（1）用搅拌机械将水泥、石灰等和地基土相搅拌，形成相互搭接的格栅状结构形式，也可相互搭接成实体结构形式，具有防渗和挡土的双重功能。由于采用重力式结构，开挖深度不宜大于7m

（2）搅拌桩面积转换率、嵌固深度、墙体宽度的规定：

面积转换率：黏性土砂土（≥0.6）、淤泥质土（≥0.7）、淤泥土（≥0.8）

嵌固深度：淤泥质土（≥1.2h）、淤泥土（≥1.3h）

墙体宽度：淤泥质土（≥0.7h）、淤泥土（≥0.8h）

（3）面板厚度不宜小于150mm，混凝土强度等级不宜低于C15

（4）搅拌桩成桩工艺可采用“一次喷浆、二次搅拌”或“二次喷浆、三次搅拌”的工艺，主要依据水泥掺入比及土质情况而定。水泥掺量较小，土质较松时，可用前者；反之，可用后者

板式支护结构

板式支护结构由两大系统组成：挡墙系统和支撑（或拉锚）系统。悬臂式板桩支护结构则不设支撑（或拉锚）

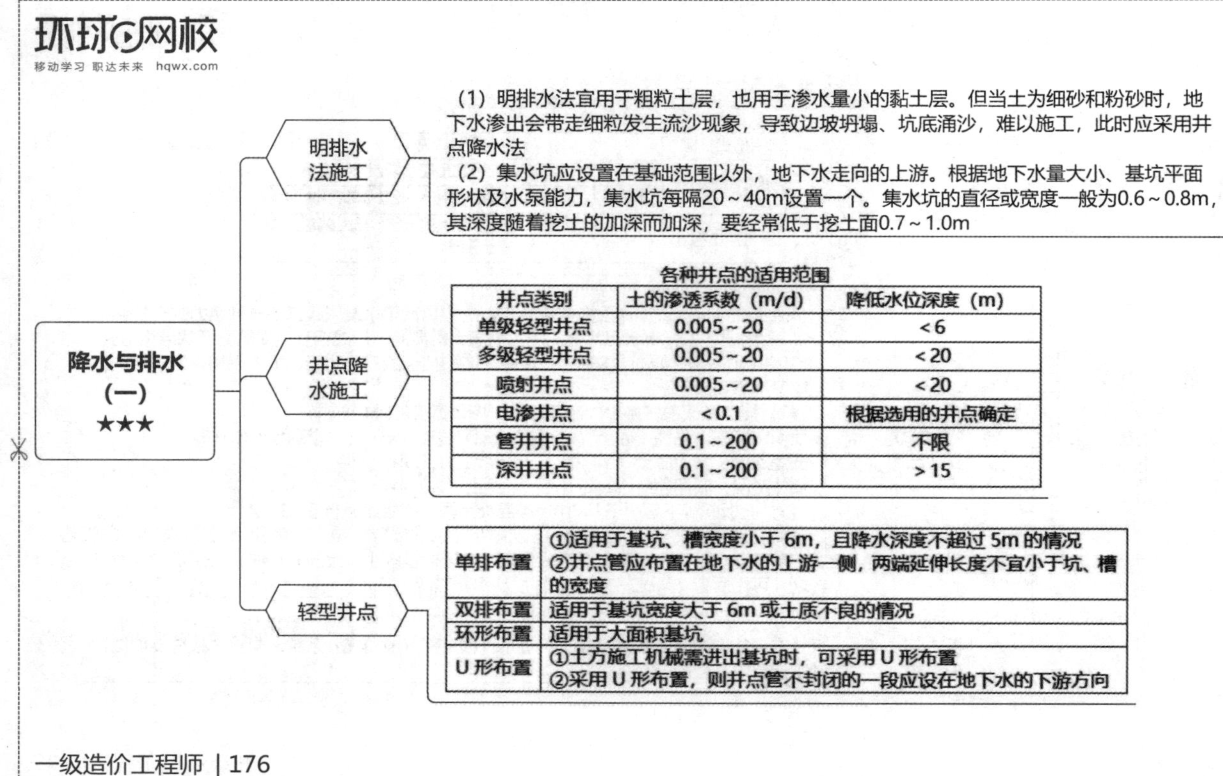

各种井点的适用范围

井点类别	土的渗透系数（m/d）	降低水位深度（m）
单级轻型井点	0.005～20	＜6
多级轻型井点	0.005～20	＜20
喷射井点	0.005～20	＜20
电渗井点	＜0.1	根据选用的井点确定
管井井点	0.1～200	不限
深井井点	0.1～200	＞15

单排布置	①适用于基坑、槽宽度小于 6m，且降水深度不超过 5m 的情况 ②井点管应布置在地下水的上游一侧，两端延伸长度不宜小于坑、槽的宽度
双排布置	适用于基坑宽度大于 6m 或土质不良的情况
环形布置	适用于大面积基坑
U 形布置	①土方施工机械需进出基坑时，可采用 U 形布置 ②采用 U 形布置，则井点管不封闭的一段应设在地下水的下游方向

降水与排水（二）★★★

喷射井点

适用条件	当降水深度超过 8m 时，宜采用喷射井点，降水深度可达 8～20m
平面布置	单排：基坑宽度≤10m
	双排：基坑宽度＞10m
	环形：基坑面积较大时
井点要求	井点间距一般采用 2～3m，每套喷射井点宜控制在 20～30 根井管

电渗井点

（1）利用井点管（轻型或喷射井点管）本身作阴极，沿基坑外围布置，以钢管或钢筋作阳极，垂直埋设在井点内侧

（2）在饱和黏土中，特别是淤泥和淤泥质黏土中，由于土的透水性较差，持水性较强，用一般喷射井点和轻型井点降水效果较差，此时宜增加电渗井点来配合轻型或喷射井点降水，以便对透水性较差的土起疏干作用，使水排出

深井井点

当降水深度超过15m时，在管井井点内采用一般的潜水泵和离心泵满足不了降水要求时，可加大管井深度，改用深井泵即深井井点来解决。深井井点一般可降低水位30～40m，有的甚至可达百米以上

管井井点

在土的渗透系数大、地下水量大的土层中，宜采用管井井点

土石方工程机械化施工★★★

推土机施工

推土机的经济运距在100m以内，以30～60m为最佳运距：

（1）下坡推土法：推土丘、回填管沟

（2）分批集中一次推送法：在较硬的土中

（3）并列推土法：并列台数不宜超过4台

（4）沟槽推土法：沿第一次推过的原槽推土

（5）斜角推土法：管沟回填且无倒车余地时，可采用这种方法

铲运机施工

在Ⅰ～Ⅲ类土中直接挖土、运土，适宜运距为600～1500m；当运距为200～350m时，效率最高

单斗挖掘机施工

种类	挖土特点	适用性
正铲	前进向上、强制切土	①开挖停机面以内的Ⅰ～Ⅳ级土 ②适宜在土质较好、无地下水的地区工作
反铲	后退向下、强制切土	①开挖停机面以下的Ⅰ～Ⅲ级的砂土或黏土 ②适宜开挖深度 4m 以内的基坑，对地下水位较高处也适用
拉铲	后退向下、自重切土	①开挖停机面以下的Ⅰ～Ⅱ级土 ②适宜开挖大型基坑及水下挖土
抓铲	直上直下、自重切土	①只能开挖Ⅰ～Ⅱ级土 ②可以挖掘独立基坑、沉井，特别适于水下挖土

基坑验槽

- 观察验槽
  - （1）基坑（槽）开挖后，对新鲜的未扰动的岩土直接观察，并与勘察报告核对
  - （2）除观察基坑（槽）的位置、断面尺寸、标高和边坡等是否符合设计要求外，还应对整个坑（槽）底的土质进行全面观察：①土质和颜色是否一样；②土的坚硬程度是否均匀一致，有无局部过软或过硬；③土的含水量是否异常，有无过干或过湿；④在坑（槽）底行走或夯拍时有无振颤或空穴声音等现象
  - （3）对难于鉴别的土质，应采用洛阳铲等手段挖至一定深度仔细鉴别
  - （4）在进行直接观察时，可用袖珍贯入仪作为辅助手段
  - （5）观察的重点应以柱基、墙角、承重墙下或其他受力较大的部位为主，如有异常部位，应会同勘察、设计等有关单位进行处理
- 轻型动力触探
  - 轻型动力触探是用标准质量的重锤以一定高度的自由落距将标准规格的圆锥形探头贯入土中，根据打入土中一定距离所需的锤击数，判定土的力学特性，具有勘探和测试双重功能
  - （1）采用轻型动力触探进行基坑（槽）检验时，应检查：①地基持力土层的强度和均匀性；②是否有浅部埋藏的软弱下卧层；③是否有浅部埋藏直接观察难以发现的坑穴、古墓、古井等
  - （2）贯入30cm锤击数大于100击或贯入15cm锤击数超过50击，可停止试验
  - （3）检验完毕后，触探孔要灌砂填实
  - （4）基坑（槽）底部深处有承压水层，轻型动力触探可能造成冒水涌砂时，不宜进行轻型动力触探；持力层为砾石或卵石时，且厚度符合设计要求时，一般不需进行轻型动力触探

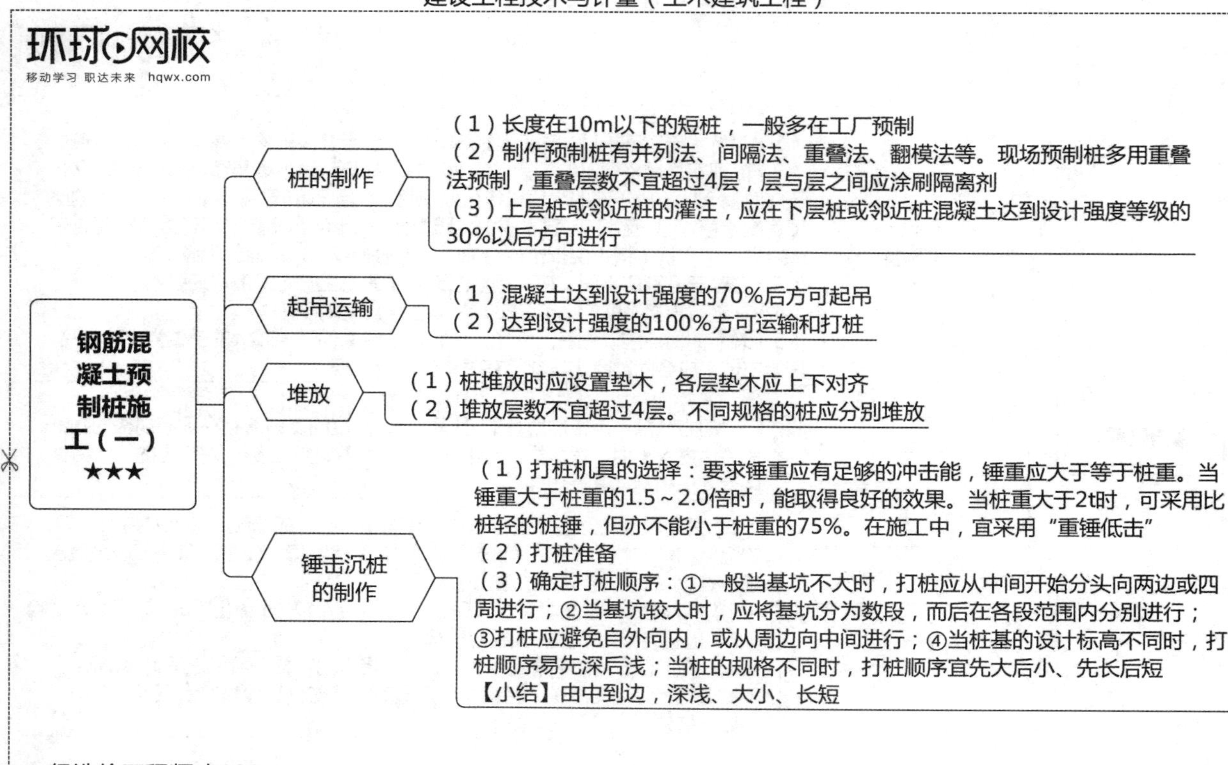
环球网校
移动学习 职达未来 hqwx.com
钢筋混凝土预制桩施工（一）★★★
桩的制作
（1）长度在10m以下的短桩，一般多在工厂预制
（2）制作预制桩有并列法、间隔法、重叠法、翻模法等。现场预制桩多用重叠法预制，重叠层数不宜超过4层，层与层之间应涂刷隔离剂
（3）上层桩或邻近桩的灌注，应在下层桩或邻近桩混凝土达到设计强度等级的30%以后方可进行
起吊运输
（1）混凝土达到设计强度的70%后方可起吊
（2）达到设计强度的100%方可运输和打桩
堆放
（1）桩堆放时应设置垫木，各层垫木应上下对齐
（2）堆放层数不宜超过4层。不同规格的桩应分别堆放
锤击沉桩的制作
（1）打桩机具的选择：要求锤重应有足够的冲击能，锤重应大于等于桩重。当锤重大于桩重的1.5～2.0倍时，能取得良好的效果。当桩重大于2t时，可采用比桩轻的桩锤，但亦不能小于桩重的75%。在施工中，宜采用“重锤低击”
（2）打桩准备
（3）确定打桩顺序：①一般当基坑不大时，打桩应从中间开始分头向两边或四周进行；②当基坑较大时，应将基坑分为数段，而后在各段范围内分别进行；③打桩应避免自外向内，或从周边向中间进行；④当桩基的设计标高不同时，打桩顺序易先深后浅；当桩的规格不同时，打桩顺序宜先大后小、先长后短
【小结】由中到边，深浅、大小、长短

钢筋混凝土预制桩施工（二）★★★

- 静力压桩
  - 静力压桩施工时无冲击力，噪声和振动较小，桩顶不易损坏，且无污染，对周围环境的干扰小，适用于软土地区、城市中心或建筑物密集处的桩基础工程，以及精密工厂的扩建工程
  - 施工工艺顺序为：测量定位→压桩机就位→吊桩、插桩→桩身对中调直→静压沉桩→接桩→再静压沉桩→送桩→终止压桩→切割桩头
- 射水沉桩
  - （1）砂夹卵石层或坚硬土层中：一般以射水为主，锤击或振动为辅
  - （2）亚黏土或黏土中：一般以锤击或振动为主，以射水为辅
- 振动沉桩
  - 主要适用于砂土、砂质黏土、亚黏土层，在含水砂层中的效果更为显著。但在砂砾层中采用此法时，尚需配以水冲法

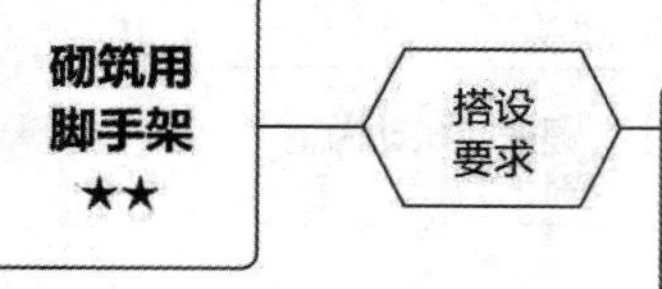

（1）底座、垫板均应准确地放在定位线上；垫板应采用长度不少于2跨、厚度不小于50mm、宽度不小于200mm的木垫板
（2）脚手架必须配合施工进度搭设，一次搭设高度不应超过相邻连墙件以上两步
（3）纵向水平杆应设置在立杆内侧，其长度不应小于3跨
（4）纵向水平杆接长应采用对接扣件连接或搭接。纵向水平杆的对接扣件应交错布置
（5）主节点处必须设置一根横向水平杆，用直角扣件扣接且严禁拆除。主节点处的两个直角扣件的中心距不应大于150mm

（1）对高度24m及以下的单、双排脚手架，宜采用刚性连墙件与建筑物可靠连接，亦可采用钢筋与顶撑配合使用的附墙连接方式。严禁使用只有钢筋的柔性连墙件
（2）对高度24m以上的双排脚手架，必须采用刚性连墙件与建筑物可靠连接

（1）脚手架必须设置纵、横向扫地杆，纵向扫地杆应采用直角扣件固定在距底座上皮不大于200mm处的立杆上
（2）横向扫地杆宜采用直角扣件固定在紧靠纵向扫地杆下方的立杆上。当立杆的基础不在同一高度上时，必须将高处的纵向扫地杆向低处延长两跨与立杆固定，高低差不应大于1m。靠边坡上方的立杆轴线到边坡的距离不应小于500mm

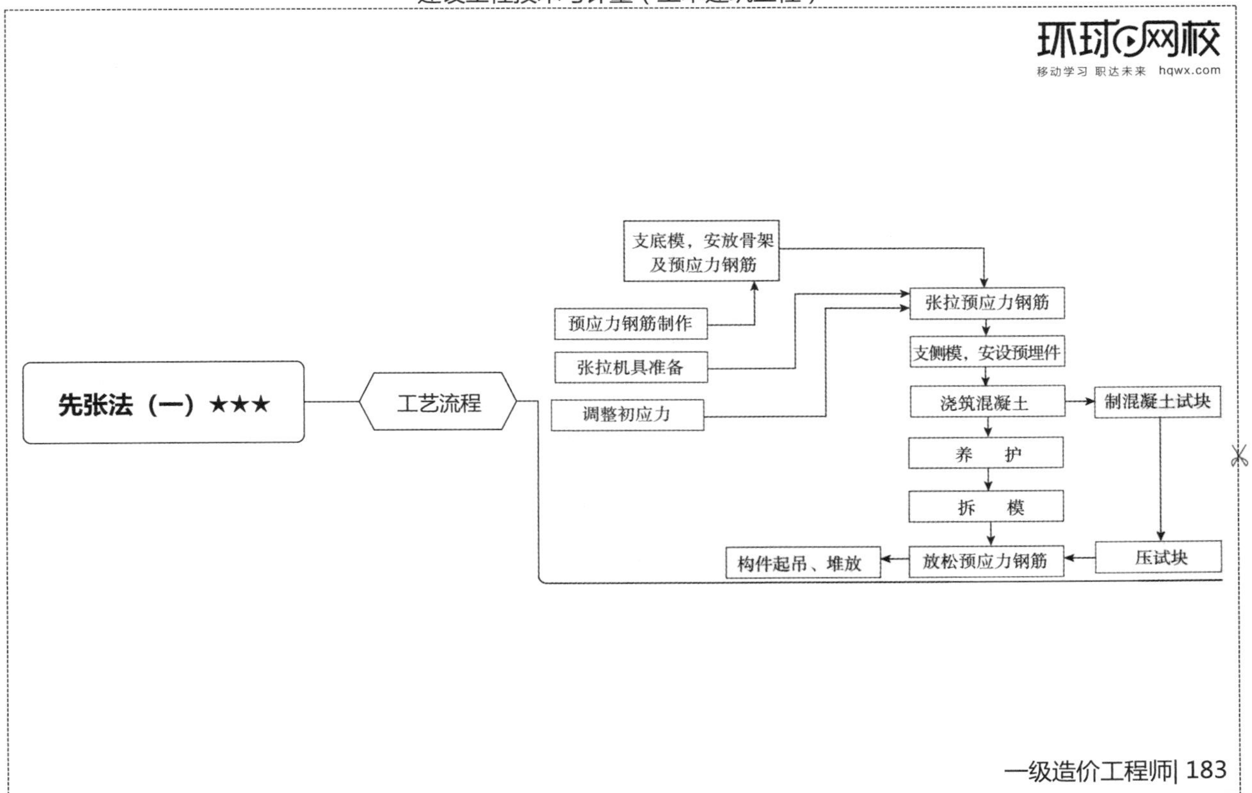
环球网校
移动学习 职达未来 hqwx.com
先张法（一）★★★
工艺流程
支底模，安放骨架及预应力钢筋
预应力钢筋制作
张拉机具准备
调整初应力
张拉预应力钢筋
支侧模，安设预埋件
浇筑混凝土
制混凝土试块
养护
拆模
压试块
放松预应力钢筋
构件起吊、堆放

先张法（二）★★★

①通过预应力筋与混凝土的黏结力，使混凝土产生预压应力 ②多用于预制构件厂生产定型的中小型构件，也常用于生产预应力桥跨结构等	
预应力筋的张拉	①预应力筋的张拉一般采用 $0 \to 1.03\sigma_{con}$ 或 $0 \to 1.05\sigma_{con}$（持荷 2min）$\to \sigma_{con}$，目的是为了减少预应力的松弛损失 ②有黏结预应力筋长度不大于 20m 时可一端张拉，大于 20m 时宜两端张拉；预应力筋为直线形时，一端张拉的长度可延长至 35m 无黏结预应力筋长度不大于 40m 时可一端张拉，大于 40m 时宜两端张拉
混凝土的浇筑与养护	①采用重叠法生产构件时，应待下层构件的混凝土强度达到 5.0MPa 后，方可浇筑上层构件的混凝土 ②混凝土可采用自然养护或湿热养护。当预应力混凝土构件进行湿热养护时，应采取正确的养护制度以减少由于温差引起的预应力损失
预应力筋放张	预应力筋放张时，混凝土强度不应低于设计的混凝土立方体抗压强度标准值的 75%。先张法预应力筋放张时不应低于 30MPa

先张法（二）★★★

	①预应力的传递主要靠预应力筋两端的锚具。锚具作为预应力构件的一个组成部分，永远留在构件上，不能重复使用 ②宜用于现场生产大型预应力构件、特种结构和构筑物，可作为一种预应力预制构件的拼装手段
孔道的留设	①灌浆孔的间距：对预埋金属螺旋管不宜大于 30m；对抽芯成形孔道不宜大于 12m。在曲线孔道的曲线波峰部位应设置排气管兼作泌水管，必要时可在最低点设置排水孔 ②孔道的留设方法：钢管抽芯法（留设直线孔道）、胶管抽芯法（留设直线、曲线孔道）、预埋波纹管法（波纹管预埋在构件中，浇筑混凝土后永不抽出）
预应力筋张拉	张拉预应力筋时，构件混凝土的强度不低于设计的混凝土立方体抗压强度标准值的 75%。后张法预应力梁和板，现浇结构混凝土的龄期分别不宜小于 7d 和 5d
孔道灌浆	（1）预应力筋张拉后，应随即进行孔道灌浆，孔道内水泥浆应饱满、密实，以防预应力筋锈蚀，同时增加结构的抗裂性和耐久性 （2）灌浆用水泥浆的规定 ①水泥宜采用强度等级不低于 42.5 的普通硅酸盐水泥 ②水胶比不应大于 0.45 ③边长为70.7mm的立方体水泥浆试块 28d 标准养护的抗压强度不应低30MPa ④水泥浆拌和后至灌浆完毕的时间不宜超过 30min ⑤宜先灌注下层孔道，后灌注上层孔道【由下向上】

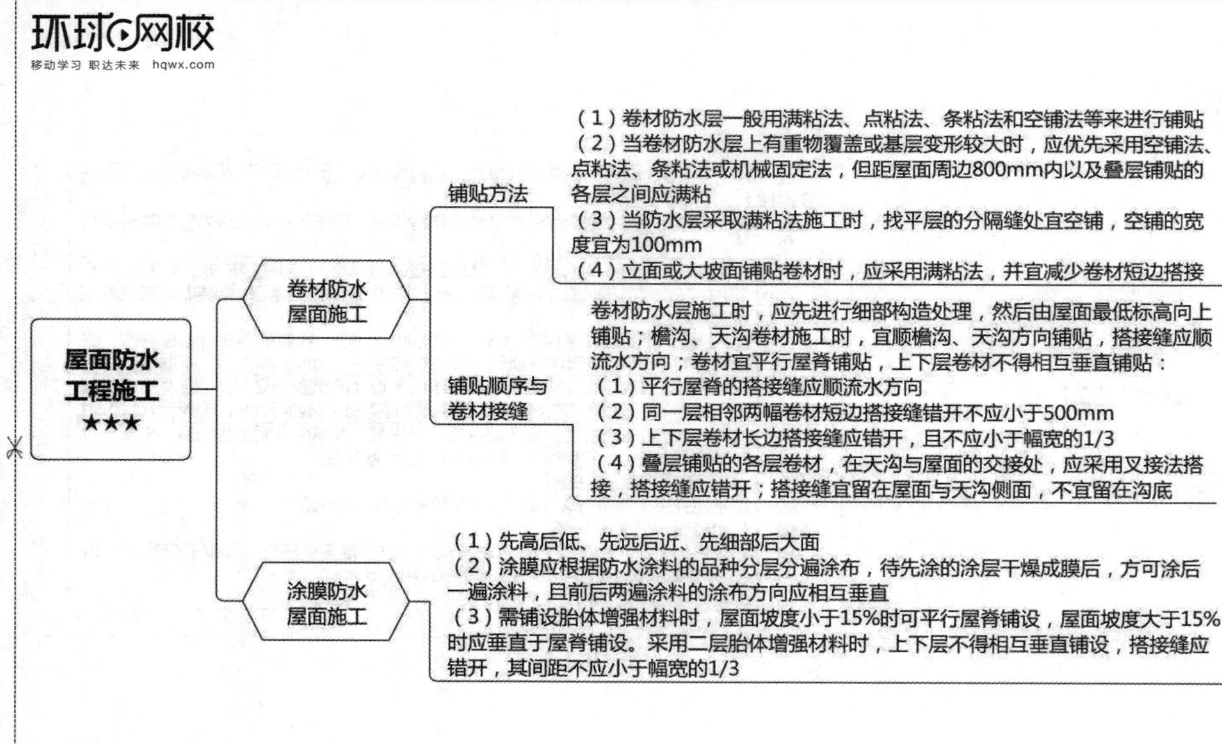
屋面防水工程施工★★★
卷材防水屋面施工
铺贴方法
（1）卷材防水层一般用满粘法、点粘法、条粘法和空铺法等来进行铺贴
（2）当卷材防水层上有重物覆盖或基层变形较大时，应优先采用空铺法、点粘法、条粘法或机械固定法，但距屋面周边800mm内以及叠层铺贴的各层之间应满粘
（3）当防水层采取满粘法施工时，找平层的分隔缝处宜空铺，空铺的宽度宜为100mm
（4）立面或大坡面铺贴卷材时，应采用满粘法，并宜减少卷材短边搭接
铺贴顺序与卷材接缝
卷材防水层施工时，应先进行细部构造处理，然后由屋面最低标高向上铺贴；檐沟、天沟卷材施工时，宜顺檐沟、天沟方向铺贴，搭接缝应顺流水方向；卷材宜平行屋脊铺贴，上下层卷材不得相互垂直铺贴：
（1）平行屋脊的搭接缝应顺流水方向
（2）同一层相邻两幅卷材短边搭接缝错开不应小于500mm
（3）上下层卷材长边搭接缝应错开，且不应小于幅宽的1/3
（4）叠层铺贴的各层卷材，在天沟与屋面的交接处，应采用叉接法搭接，搭接缝应错开；搭接缝宜留在屋面与天沟侧面，不宜留在沟底
涂膜防水屋面施工
（1）先高后低、先远后近、先细部后大面
（2）涂膜应根据防水涂料的品种分层分遍涂布，待先涂的涂层干燥成膜后，方可涂后一遍涂料，且前后两遍涂料的涂布方向应相互垂直
（3）需铺设胎体增强材料时，屋面坡度小于15%时可平行屋脊铺设，屋面坡度大于15%时应垂直于屋脊铺设。采用二层胎体增强材料时，上下层不得相互垂直铺设，搭接缝应错开，其间距不应小于幅宽的1/3

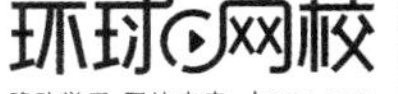

地下连续墙优缺点★★★

地下连续墙的优点

（1）施工全盘机械化，速度快、精度高，并且振动小、噪声低，适用于城市密集建筑群及夜间施工

（2）具有多功能，如防渗、截水、承重、挡土、防爆等，强度可靠，承压力大

（3）对开挖的地层适应性强

（4）可以在各种复杂的条件下施工

（5）开挖基坑无须放坡，土方量小，浇混凝土无须支模和养护，并可在低温下施工，降低成本，缩短施工时间

（6）用触变泥浆保护孔壁和止水，施工安全可靠，不会引起水位降低而造成周围地基沉降，保证施工质量

（7）可将地下连续墙与“逆作法”施工结合起来

地下连续墙的缺点

（1）每段连续墙之间的接头质量较难控制，往往容易形成结构的薄弱点

（2）墙面虽可保证垂直度，但比较粗糙，尚须加工处理或做衬壁

（3）施工技术要求高，无论是造槽机械选择、槽体施工、泥浆下浇筑混凝土、接头、泥浆处理等环节，均应处理得当，不容疏漏

（4）制浆及处理系统占地较大，管理不善易造成现场泥泞和污染

由于地下连续墙优点多，适用范围广，广泛应用在建筑物的地下基础、深基坑支护结构、地下车库、地下铁道、地下城、地下电站及水坝防渗等工程中

地下连续墙的适用范围

由于地下连续墙优点多，适用范围广，广泛应用在建筑物的地下基础、深基坑支护结构、地下车库、地下铁道、地下城、地下电站及水坝防渗等工程中

地下连续墙施工工艺★★★

- 导墙施工
  - （1）导墙宜采用混凝土结构，且混凝土强度等级不宜低于C20
  - （2）导墙底面不宜设置在新近填土上，且埋深不宜小于1.5m
- 开挖槽段
  - 确定槽段长度应考虑的因素：地质条件；地面荷载；起重机的起重能力；单位时间内混凝土的供应能力；泥浆池（罐）的容积
- 清底
  - （1）清底的方法一般有沉淀法和置换法两种
  - （2）在土木工程施工中，我国多采用置换法进行清底
- 混凝土浇筑
  - （1）混凝土强度等级一般为C30～C40。水与胶凝材料比不应大于0.55，水泥用量不宜小于400kg/m³，入槽坍落度不宜小于180mm
  - （2）混凝土浇筑过程中，导管埋入混凝土面的深度宜在2.0～4.0m，只有当混凝土浇筑到地下连续墙墙顶附近，导管内混凝土不易流出的时候，方可将导管的埋入深度减为1m左右
  - （3）混凝土浇筑面宜高于地下连续墙设计顶面500mm
  - （4）混凝土搅拌好之后，以1.5h内浇筑完毕为原则。夏天，必须在搅拌好之后1h内尽快浇完
  - （5）在浇筑完成后的地下连续墙墙顶存在一层浮浆层，因此混凝土顶面需要比设计高度超浇0.5m以上

喷射混凝土
★★★

- 施工准备
  - 喷射作业区段的宽度，一般应以1.5～2.0m为宜。对水平坑道，其喷射顺序为先墙后拱、自下而上；侧墙应自墙基开始，拱应自拱脚开始，封拱区宜沿轴线由前向后
- 施工工艺
  - 工作风压：选择适宜的工作风压，是保证喷射混凝土顺利施工和较高质量的关键【总结】工作风压随风管长度增加而增加
  - 喷嘴处水压：工程实践证明，喷嘴处的水压必须大于工作风压，并且压力稳定才会有良好的喷射效果。水压一般比工作风压大0.10MPa左右为宜
  - 一次喷射厚度：一次喷射厚度太薄，喷射时骨料易产生大的回弹；一次喷射的太厚，易出现喷层下坠、流淌，或与基层面间出现空壳
  - 分层喷射的时间间隔：一般分2～3层进行分层喷射。采用红星Ⅰ型速凝剂时，可在5～10min后，进行下一次喷射
  - 喷头与作业面之间的距离：喷头与喷射作业面的最佳距离为1m。当喷头与喷射作业面间的距离小于或等于0.75m或大于等于1.25m，喷射的回弹率可达25%
  - 含水量的控制：骨料在使用前应提前8h洒水，使之充分均匀湿润。喷射混凝土所用骨料的含水率，一般以5%～7%为宜

环球网校
移动学习 职达未来 hqwx.com

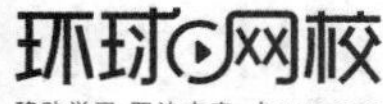

土方工程（一）★★★

- 平整场地【面积】
  - （1）按设计图示尺寸以建筑物首层建筑面积“m^2”计算
  - （2）项目特征包括土壤类别、弃土运距、取土运距
- 挖一般土方【体积】
  - （1）按设计图示尺寸以体积“m^3”计算
  - （2）挖土方平均厚度应按自然地面测量标高至设计地坪标高间的平均厚度确定
- 挖沟槽土方、挖基坑土方【体积】
  - （1）按设计图示尺寸以基础垫层底面积乘以挖土深度按体积“m^3”计算
  - （2）基础土方开挖深度应按基础垫层底表面标高至交付施工场地标高确定，无交付施工场地标高时，应按自然地面标高确定
- 冻土开挖【体积】
  - 按设计图示尺寸开挖面积乘以厚度以体积“m^3”计算

土方工程（二）★★★

- 挖淤泥、流沙【体积】
  - 按设计图示位置、界限以体积“m^3”计算
- 管沟土方【长度、体积】
  - （1）以“m”计量，按设计图示以管道中心线长度计算。以“m^3”计量，按设计图示管底垫层面积乘以挖土深度计算
  - （2）无管底垫层按管外径的水平投影面积乘以挖土深度计算。不扣除各类井的长度，井的土方并入
- 土方工程项目划分的规定
  - （1）建筑物场地厚度≤±300mm的挖、填、运、找平，应按平整场地项目编码列项。厚度>±300mm的竖向布置挖土或山坡切土，应按一般土方项目编码列项
  - （2）沟槽、基坑、一般土方的划分为：
    1）沟槽：底宽≤7m，底长>3倍底宽
    2）基坑：底长≤3倍底宽、底面积≤150m^2
    3）超出上述范围则为一般土方

石方工程
★★★

- 挖一般石方【体积】
  - 按设计图示尺寸以体积“m³”计算
- 挖沟槽（基坑）石方【体积】
  - 按设计图示尺寸沟槽（基坑）底面积乘以挖石深度以体积“m³”计算
- 管沟土方【长度、体积】
  - （1）以“m”计量，按设计图示以管道中心线长度计算。以“m³”计量，按设计图示管底垫层面积乘以挖土深度计算
  （2）无管底垫层按管外径的水平投影面积乘以挖土深度计算。不扣除各类井的长度，井的土方并入
- 石方工程项目划分的规定
  - （1）厚度>±300mm的竖向布置挖石或山坡凿石应按挖一般石方项目编码列项
  （2）沟槽、基坑、一般石方的划分为：
  1）沟槽：底宽≤7m且底长>3倍底宽
  2）基坑：底长≤3倍底宽且底面积≤150m²
  3）超出上述范围则为一般石方

回填 ★★★

- 回填方【体积】
  - 按设计图示尺寸以体积“m^3”计算：
    （1）场地回填：回填面积乘以平均回填厚度
    （2）室内回填：主墙间净面积乘以回填厚度，不扣除间隔墙
    （3）基础回填：挖方清单项目工程量减去自然地坪以下埋设的基础体积（包括基础垫层及其他构筑物）
  - 回填土方项目特征包括密实度要求、填方材料品种、填方粒径要求、填方来源及运距
- 余方弃置【体积】
  - （1）按挖方清单项目工程量减利用回填方体积（正数）“m^3”计算
    （2）项目特征包括废弃料品种、运距

地基处理 ★★★

工程量计算规则

项目名称	计量单位	计量规则
换填垫层	m³	按设计图示尺寸以体积计算
铺设土工合成材料	㎡	按设计图示尺寸以面积计算
预压地基、强夯地基、振冲密实（不填料）	㎡	按设计图示处理范围以面积计算
振冲桩（填料）	m/m³	①按设计图示尺寸以桩长计算 ②按设计桩截面乘以桩长以体积计算 ③项目特征应描述：地层情况，空桩长度、桩长，桩径，填充材料种类
砂石桩	m/m³	①按设计图示尺寸以桩长（包括桩尖）计算 ②按设计桩截面乘以桩长（包括桩尖）以体积计算
水泥粉煤灰碎石桩、夯实水泥土桩、石灰桩、灰土（土）挤密桩	m	按设计图示尺寸以桩长（包括桩尖）计算
深层搅拌桩、粉喷桩、柱锤冲扩桩 高压喷射注浆桩	m	按设计图示尺寸以桩长计算
注浆地基	m/m³	①按设计图示尺寸以钻孔深度计算 ②按设计图示尺寸以加固体积计算
褥垫层	㎡/m³	①按设计图示尺寸以面积计算 ②按设计图示尺寸以体积计算

相关说明：项目特征中的桩长应包括桩尖，空桩长度=孔深 - 桩长，孔深为自然地面至设计桩底的深度

基坑与边坡支护 ★★★

工程量计算规则

名称	计量单位	计量规则
地下连续墙	m³	按设计图示墙中心线长乘以厚度乘以槽深以体积计算
咬合灌注桩	m/根	①按设计图示尺寸以桩长计算 ②按设计图示数量计算
圆木桩、预制钢筋混凝土板桩	m/根	①按设计图示尺寸以桩长（包括桩尖）计算 ②按设计图示数量计算
型钢桩	t/根	①按设计图示尺寸以质量计算 ②按设计图示数量计算
钢板桩	t/m²	①按设计图示尺寸以质量计算 ②按设计图示墙中心线长乘以桩长以面积计算
锚杆（锚索）、土钉	m/根	①按设计图示尺寸以钻孔深度计算 ②按设计图示数量计算
喷射混凝土（水泥砂浆）	m²	按设计图示尺寸以面积计算
钢筋混凝土支撑	m³	按设计图示尺寸以体积计算
钢支撑	t	按设计图示尺寸以质量计算

相关说明

项目特征中地层情况的描述按土壤分类表和岩石分类表规定，并根据岩土工程勘察报告按单位工程各地层所占比例（包括范围值）进行描述或分别列项，对无法准确描述的地层情况，可注明由投标人根据岩土工程勘察报告自行决定报价

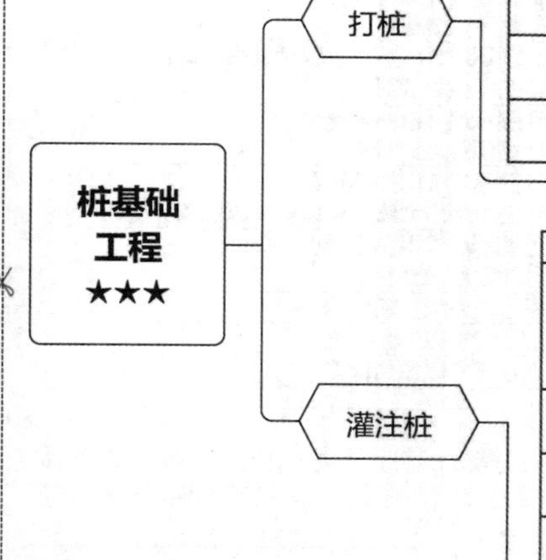

名称	计量单位	计量规则
预制钢筋混凝土方桩、预制钢筋混凝土管桩	m/m³/根	①按设计图示尺寸以桩长（包括桩尖）计算 ②按设计图示截面积乘以桩长（包括桩尖）以实体积计算 ③按设计图示数量计算
钢管桩	t/根	①按设计图示尺寸以质量计算 ②按设计图示数量计算
截（凿）桩头	m³/根	①按设计桩截面乘以桩头长度以体积计算 ②按设计图示数量计算

名称	计量单位	计量规则
泥浆护壁成孔灌注桩、沉管灌注桩、干作业成孔灌注桩	m/m³/根	①按设计图示尺寸以桩长（包括桩尖）计算 ②按不同截面在桩上范围内以体积计算 ③按设计图示数量计算
挖孔桩土（石）方	m³	按设计图示尺寸（含护壁）截面积乘以挖孔深度以体积计算
人工挖孔灌注桩	m³/根	①按桩芯混凝土体积计算 ②按设计图示数量计算
钻孔压浆桩	m/根	①按设计图示尺寸以桩长计算 ②按设计图示数量计算
灌注桩后压浆	孔	按设计图示以注浆孔数计算

砖砌体★★★

- 砖基础【体积】
  - （1）工程量按设计图示尺寸以体积“m³”计算：
    - 1）扣除：地梁（圈梁）、构造柱所占体积
    - 2）不扣除：基础大放脚T形接头处的重叠部分及嵌入基础内的钢筋、铁件、管道、基础砂浆防潮层和单个面积≤0.3m²的孔洞所占体积
    - 3）加：附墙垛基础宽出部分体积
    - 4）不加：靠墙暖气沟的挑檐
  - （2）基础长度：外墙按外墙中心线，内墙按内墙净长线计算
- 空斗墙【体积】
  - 实砌部分体积并入空斗墙体积内
- 空花墙、填充墙【体积】
  - 空花墙不扣除空洞部分体积
- 实心砖墙 多孔砖墙 空心砖墙【体积】
  - （1）扣除：门窗、洞口、嵌入墙内的钢筋混凝土柱、梁、圈梁、挑梁、过梁及凹进墙内的壁龛、管槽、暖气槽、消火栓箱所占体积
  - （2）不扣除：梁头、板头、檩头、垫木、木楞头、沿缘木、木砖、门窗走头、砖墙内加固钢筋、木筋、铁件、钢管及单个面积≤0.3m²的孔洞所占的体积
  - （3）加：凸出墙面的砖垛并入墙体体积内计算。附墙烟囱、通风道、垃圾道应按设计图示尺寸以体积（扣除孔洞所占体积）计算并入所依附的墙体体积内
  - （4）不加：凸出墙面的腰线、挑檐、压顶、窗台线、虎头砖、门窗套的体积不增加
- 实心砖柱、多孔砖柱【体积】
  - （1）按设计图示尺寸以体积“m³”计算
  - （2）扣除混凝土及钢筋混凝土梁垫、梁头、板头所占体积

环球网校
移动学习 职达未来 hqwx.com

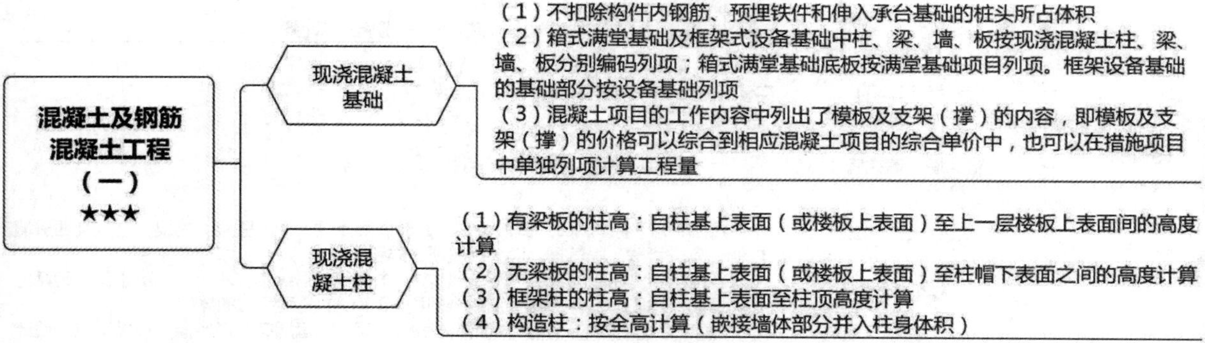
混凝土及钢筋混凝土工程（一）★★★
现浇混凝土基础
（1）不扣除构件内钢筋、预埋铁件和伸入承台基础的桩头所占体积
（2）箱式满堂基础及框架式设备基础中柱、梁、墙、板按现浇混凝土柱、梁、墙、板分别编码列项；箱式满堂基础底板按满堂基础项目列项。框架设备基础的基础部分按设备基础列项
（3）混凝土项目的工作内容中列出了模板及支架（撑）的内容，即模板及支架（撑）的价格可以综合到相应混凝土项目的综合单价中，也可以在措施项目中单独列项计算工程量
现浇混凝土柱
（1）有梁板的柱高：自柱基上表面（或楼板上表面）至上一层楼板上表面间的高度计算
（2）无梁板的柱高：自柱基上表面（或楼板上表面）至柱帽下表面之间的高度计算
（3）框架柱的柱高：自柱基上表面至柱顶高度计算
（4）构造柱：按全高计算（嵌接墙体部分并入柱身体积）

环球网校
移动学习 职达未来 hqwx.com

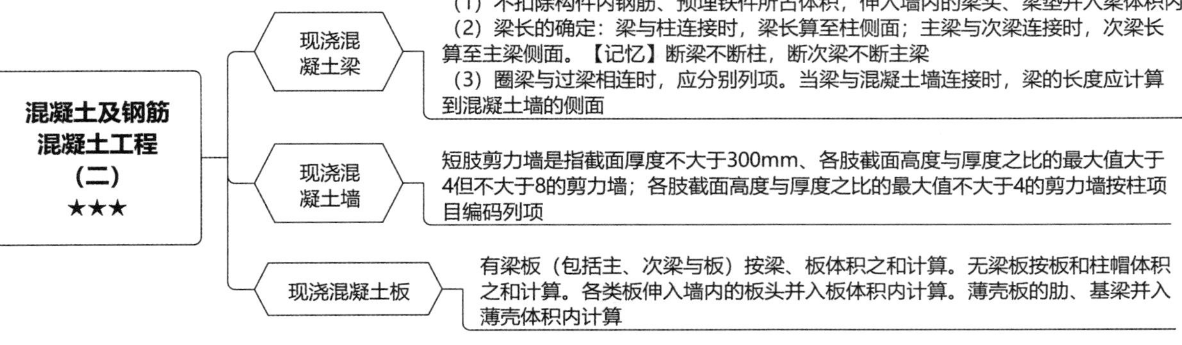
混凝土及钢筋混凝土工程（二）★★★
现浇混凝土梁
（1）不扣除构件内钢筋、预埋铁件所占体积，伸入墙内的梁头、梁垫并入梁体积内
（2）梁长的确定：梁与柱连接时，梁长算至柱侧面；主梁与次梁连接时，次梁长算至主梁侧面。【记忆】断梁不断柱，断次梁不断主梁
（3）圈梁与过梁相连时，应分别列项。当梁与混凝土墙连接时，梁的长度应计算到混凝土墙的侧面
现浇混凝土墙
短肢剪力墙是指截面厚度不大于300mm、各肢截面高度与厚度之比的最大值大于4但不大于8的剪力墙；各肢截面高度与厚度之比的最大值不大于4的剪力墙按柱项目编码列项
现浇混凝土板
有梁板（包括主、次梁与板）按梁、板体积之和计算。无梁板按板和柱帽体积之和计算。各类板伸入墙内的板头并入板体积内计算。薄壳板的肋、基梁并入薄壳体积内计算

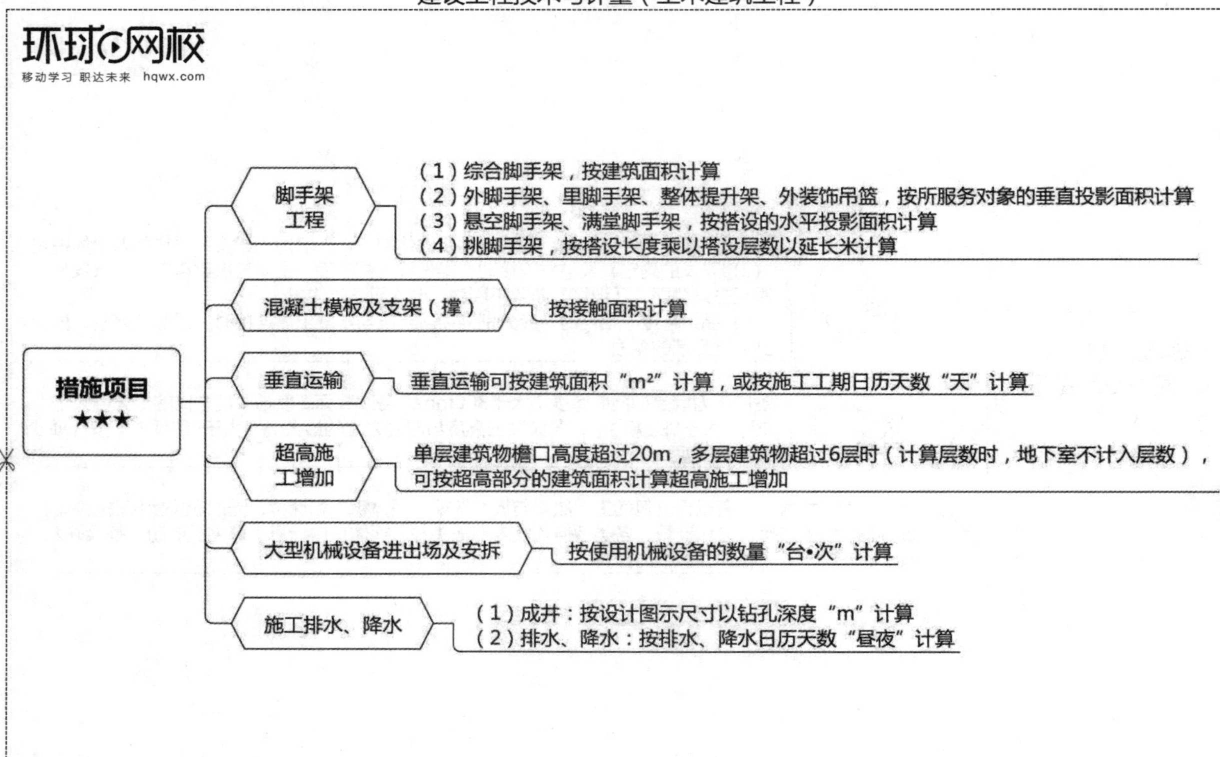
环球网校
移动学习 职达未来 hqwx.com
措施项目
★★★
脚手架工程
（1）综合脚手架，按建筑面积计算
（2）外脚手架、里脚手架、整体提升架、外装饰吊篮，按所服务对象的垂直投影面积计算
（3）悬空脚手架、满堂脚手架，按搭设的水平投影面积计算
（4）挑脚手架，按搭设长度乘以搭设层数以延长米计算
混凝土模板及支架（撑）
按接触面积计算
垂直运输
垂直运输可按建筑面积“m²”计算，或按施工工期日历天数“天”计算
超高施工增加
单层建筑物檐口高度超过20m，多层建筑物超过6层时（计算层数时，地下室不计入层数），可按超高部分的建筑面积计算超高施工增加
大型机械设备进出场及安拆
按使用机械设备的数量“台•次”计算
施工排水、降水
（1）成井：按设计图示尺寸以钻孔深度“m”计算
（2）排水、降水：按排水、降水日历天数“昼夜”计算

建设工程技术与计量

（安装工程）

随时随地，在线刷题

扫码加助教领题库软件

环球网校
移动学习 职达未来 hqwx.com

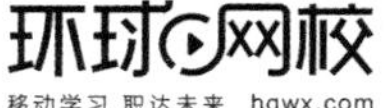

钢的分类

- 生铁★★★
  - 含碳量 > 2.11%
  - 耐磨、铸造性好，但脆，不能锻压
- 钢★★★
  - 含碳量 < 2.11%
  - 碳高→强高→塑小→硬度大→脆性大、不易加工
  - 含碳量 > 1.00%，钢材强度开始下降
  - 杂质元素
    - 有害：硫（热脆性）、磷（冷脆性）
    - 有益：锰和硅能使钢材强度硬度增加，而塑性和韧性不显著降低
  - 力学性能取决于钢成分和金相组织
  - 钢材成分一定时，金相组织取决于热处理。影响最大：淬火加回火

环球网校
移动学习 职达未来 hqwx.com

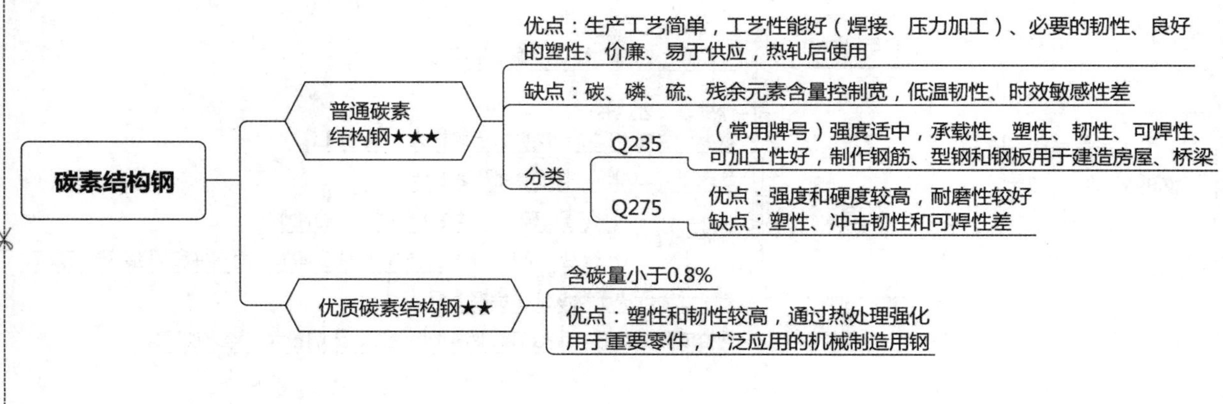

不锈耐酸钢（不锈钢）

- 按使用状态的金相组织分5类
  - 铁素体、马氏体、奥氏体、铁素体加奥氏体和沉淀硬化型不锈钢
- 铁素体型不锈钢★★★
  - 主要合金元素是铬
  - 高铬铁素体不锈钢的缺点：钢的缺口敏感性和脆性转变温度较高
- 马氏体型不锈钢★★★
  - 优点：高强度、硬度和耐磨性。用于弱腐蚀性（海水）介质环境中
  - 缺点：焊接性能不好
- 奥氏体型不锈钢★★★
  - 优点：高韧性、良好的耐蚀性、高温强度和较好的抗氧化性，及良好的压力加工和焊接性能
  - 缺点：屈服强度低，不可热处理强化，只能冷变形强化
- 铁素体加奥氏体★
  - 屈服强度约为奥氏体型不锈钢的两倍
  - 优点：可焊性良好，韧性高，应力腐蚀、晶间腐蚀及焊接时的热裂倾向均小于奥氏体型不锈钢
- 沉淀硬化型不锈钢
  - 优点：经沉淀硬化热处理后有高的强度，耐蚀性优于铁素体型不锈钢

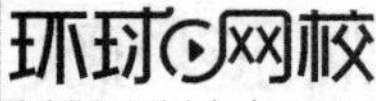

铸铁

特点★★

- 含碳量＞2.11%的铁碳合金；碳、硅、杂质含量高，其中有益元素：硅、锰、磷（提高耐磨性）；有害元素：硫
- 与钢相比含有石墨；铸铁的韧性和塑性，主要决定于石墨的数量、形状、大小和分布，其中石墨形状的影响最大。基体组织是影响铸铁硬度、抗压强度和耐磨性的主要因素

灰口铸铁分类

- 按照石墨的形状特征分为：普通灰铸铁（石墨呈片状）、蠕墨铸铁（石墨呈蠕虫状）、可锻铸铁（石墨呈团絮状）、球墨铸铁（石墨呈球状）

不同类型铸铁特点★★★

- 普通灰铸铁
  - 价格便宜，应用广泛，产量高
- 蠕墨铸铁
  - 一定的韧性，耐磨性、铸造性能、导热性高
- 可锻铸铁
  - 较高的强度、塑性和冲击韧性
  - 用来制造形状复杂、承受冲击和振动荷载的零件
  - 与球墨铸铁相比，可锻铸铁成本低、质量稳定、处理工艺简单
- 球墨铸铁
  - 优点：综合机械性能接近于钢，铸造性能、抗拉强度、抗疲劳强度高
  - 应用：重要零件，高层建筑室外进入室内给水的总管、室内总干管

有色金属

- 镍及其合金
  - 优点：高温、高压、高浓度或混有不纯物苛刻腐蚀环境适用，耐热性好，塑、韧性优良
- 钛及其合金★★
  - （1）钛在高温下化学活性极高。在大气中工作的钛及其合金仅在 < 540℃具有良好的耐热性
  - （2）低温性能好。耐酸耐碱，但在任何浓度的氢氟酸中均能迅速溶解
  - （3）应用：飞机、导弹、航天和舰船，且民用推广
- 铅及铅合金
  - 耐腐蚀
    - 优点：对硫酸、磷酸、亚硫酸、铬酸和氢氟酸等具有良好的耐蚀性
    - 缺点：不耐硝酸的腐蚀，在盐酸中也不稳定
- 镁及镁合金★★
  - 优点：（1）比强度和比刚度高，承受大的冲击荷载
    （2）良好的机械加工性能和抛光性能
  - 缺点：耐蚀性较差、缺口敏感性大及熔铸工艺复杂
- 铝及铝合金
  - 优点：具有较高强度，同时保持良好的加工性能
  - 冷变形提高强度，且可用热处理改善性能

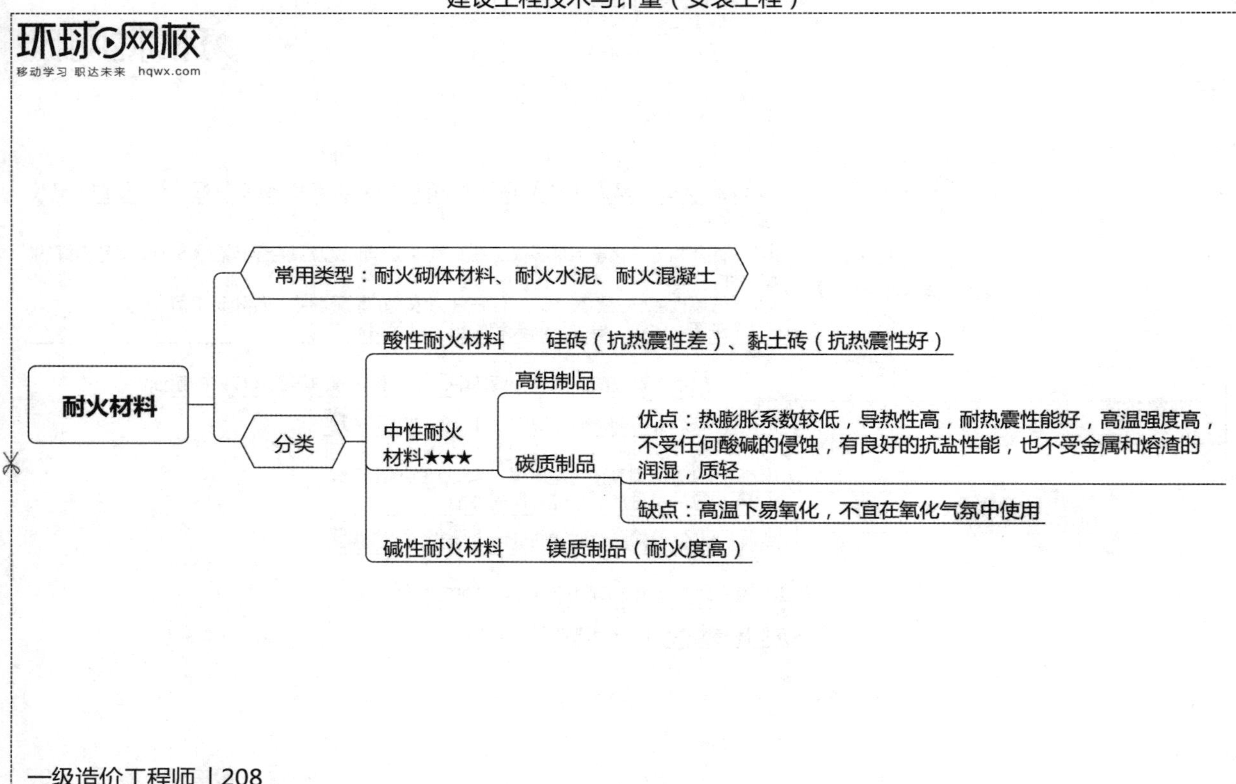
环球网校
移动学习 职达未来 hqwx.com
耐火材料
常用类型：耐火砌体材料、耐火水泥、耐火混凝土
分类
酸性耐火材料
硅砖（抗热震性差）、黏土砖（抗热震性好）
中性耐火材料★★★
高铝制品
碳质制品
优点：热膨胀系数较低，导热性高，耐热震性能好，高温强度高，不受任何酸碱的侵蚀，有良好的抗盐性能，也不受金属和熔渣的润湿，质轻
缺点：高温下易氧化，不宜在氧化气氛中使用
碱性耐火材料
镁质制品（耐火度高）

耐热保温和绝热材料

耐热保温材料

- 常用的耐热保温材料：硅藻土、蛭石、玻璃纤维（又称矿渣棉）、石棉及其制品
- 硅藻土砖、板：用于电力、冶金、机械、化工、石油、金属冶炼电炉和硅酸盐等工业的各种热体表面，各种高温窑炉、锅炉、炉墙中层的保温绝热部位
- 硅藻土管：用于各种气体、液体高温管道、高温设备的保温绝热部位

绝热材料

- 按照绝热材料使用温度分为：高温、中温、低温绝热材料
- 高温绝热材料
  - 温度 > 700℃
  - 纤维质材料：硅酸铝纤维、硅纤维
  - 多孔质材料：硅藻士、蛭石加石棉、耐热黏合剂
- 中温绝热材料
  - 温度在100~700℃
  - 纤维质材料：石棉、矿渣棉、玻璃纤维
  - 多孔质材料：硅酸钙、膨胀珍珠岩、蛭石、泡沫混凝土
- 低温绝热材料
  - 温度 < 100℃

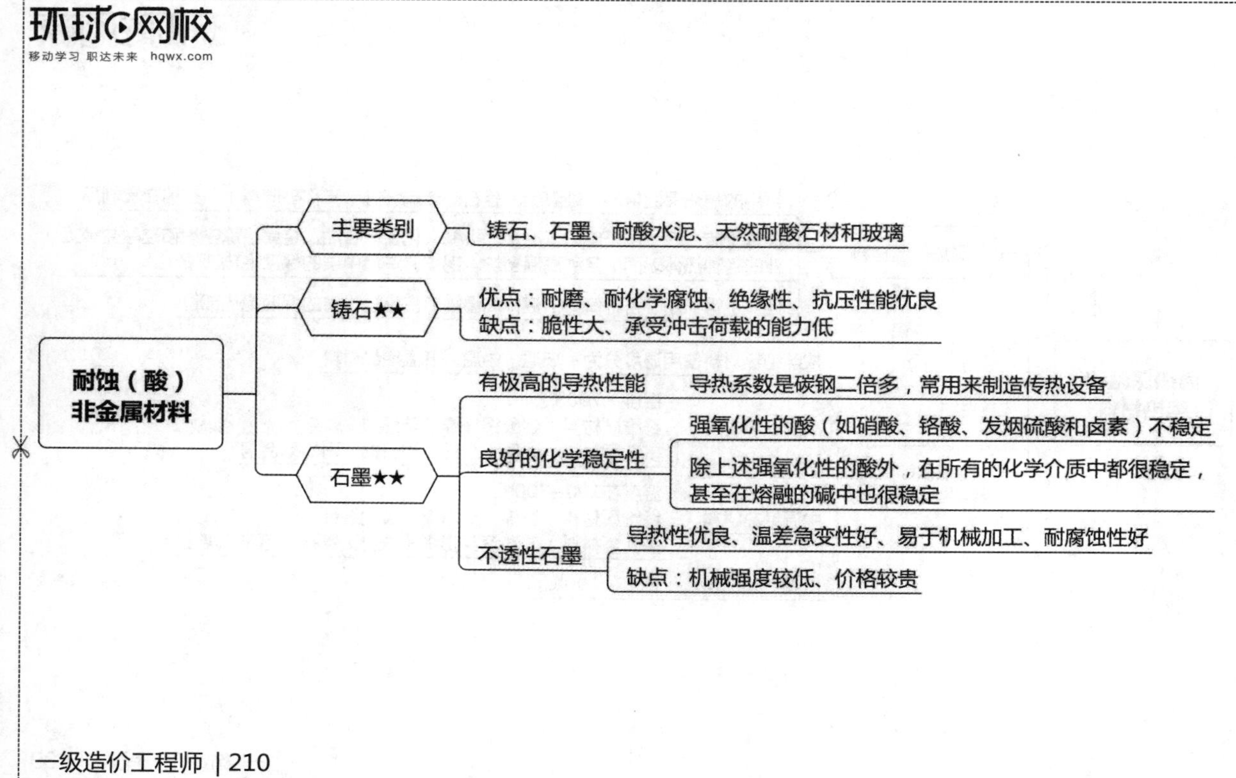
环球网校
移动学习 职达未来 hqwx.com
耐蚀（酸）非金属材料
主要类别
铸石、石墨、耐酸水泥、天然耐酸石材和玻璃
铸石★★
优点：耐磨、耐化学腐蚀、绝缘性、抗压性能优良
缺点：脆性大、承受冲击荷载的能力低
石墨★★
有极高的导热性能
导热系数是碳钢二倍多，常用来制造传热设备
良好的化学稳定性
强氧化性的酸（如硝酸、铬酸、发烟硫酸和卤素）不稳定
除上述强氧化性的酸外，在所有的化学介质中都很稳定，甚至在熔融的碱中也很稳定
不透性石墨
导热性优良、温差急变性好、易于机械加工、耐腐蚀性好
缺点：机械强度较低、价格较贵

热塑性塑料（一）

- 低密度聚乙烯
  - 优点：质轻，吸湿性小，电绝缘性、耐寒性好，延伸性、透明性强，化学稳定性强
  - 缺点：强度低、易老化。储存和运输中严防火、高温
- 聚丙烯★★
  - 优点：质轻，不吸水，介电性、化学稳定性、耐热性良好。使用温度：-30～100℃
  - 缺点：耐光性、低温韧性、染色性能差，易老化
  - 用途：法兰、齿轮、风扇叶轮、泵叶轮等
- 聚四氟乙烯★★★
  - 优点：耐高、低温性能优良，-180～260℃范围内长期使用
  - 几乎耐所有的化学药品，王水煮沸无变化（VHCl：$VHNO_3$ =3:1）
  - 摩擦系数：0.04
  - 介电常数、介电损耗最小的固体绝缘材料
  - 缺点：强度低、冷流性强
  - 用途：热交换器、高频或潮湿环境绝缘材料

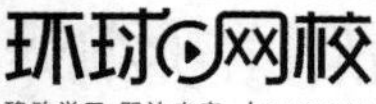

热塑性塑料（二）

- 聚苯乙烯(PS)★★★
  - 优点：极高的透明度，透光率可达90%以上，电绝缘性能好，刚性好及耐化学腐蚀
  - 缺点：性脆，冲击强度低，易出现应力开裂，耐热性差及不耐沸水等
- ABS树脂
  - 优点：“硬、韧、刚”。在-40℃的低温下仍有一定的机械强度
- 聚甲基丙烯酸甲酯（PMMA）俗称亚克力或有机玻璃
  - 缺点：
    （1）表面硬度不高，易擦伤
    （2）易在表面或内部引起微裂纹，比较脆
    （3）易溶于有机溶液中
- 热固性塑料
  - 酚醛树脂(PF)、环氧树脂(EP)、呋喃树脂、不饱和聚酯树脂(UP)

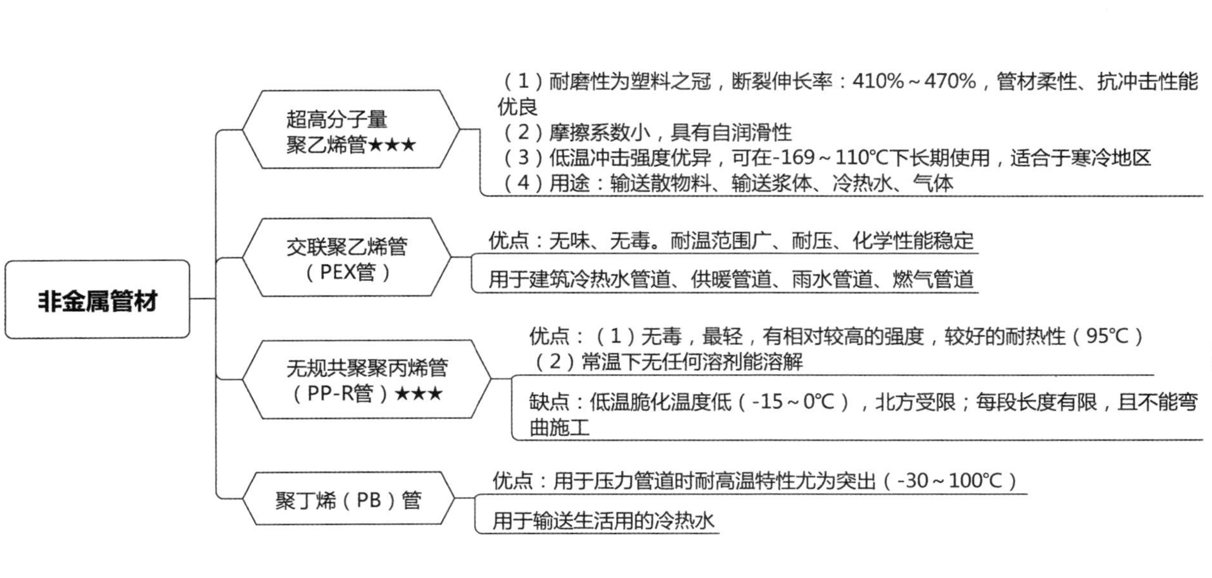
非金属管材
超高分子量聚乙烯管★★★
（1）耐磨性为塑料之冠，断裂伸长率：410%～470%，管材柔性、抗冲击性能优良
（2）摩擦系数小，具有自润滑性
（3）低温冲击强度优异，可在-169～110℃下长期使用，适合于寒冷地区
（4）用途：输送散物料、输送浆体、冷热水、气体
交联聚乙烯管（PEX管）
优点：无味、无毒。耐温范围广、耐压、化学性能稳定
用于建筑冷热水管道、供暖管道、雨水管道、燃气管道
无规共聚聚丙烯管（PP-R管）★★★
优点：（1）无毒，最轻，有相对较高的强度，较好的耐热性（95℃）
（2）常温下无任何溶剂能溶解
缺点：低温脆化温度低（-15～0℃），北方受限；每段长度有限，且不能弯曲施工
聚丁烯（PB）管
优点：用于压力管道时耐高温特性尤为突出（-30～100℃）
用于输送生活用的冷热水

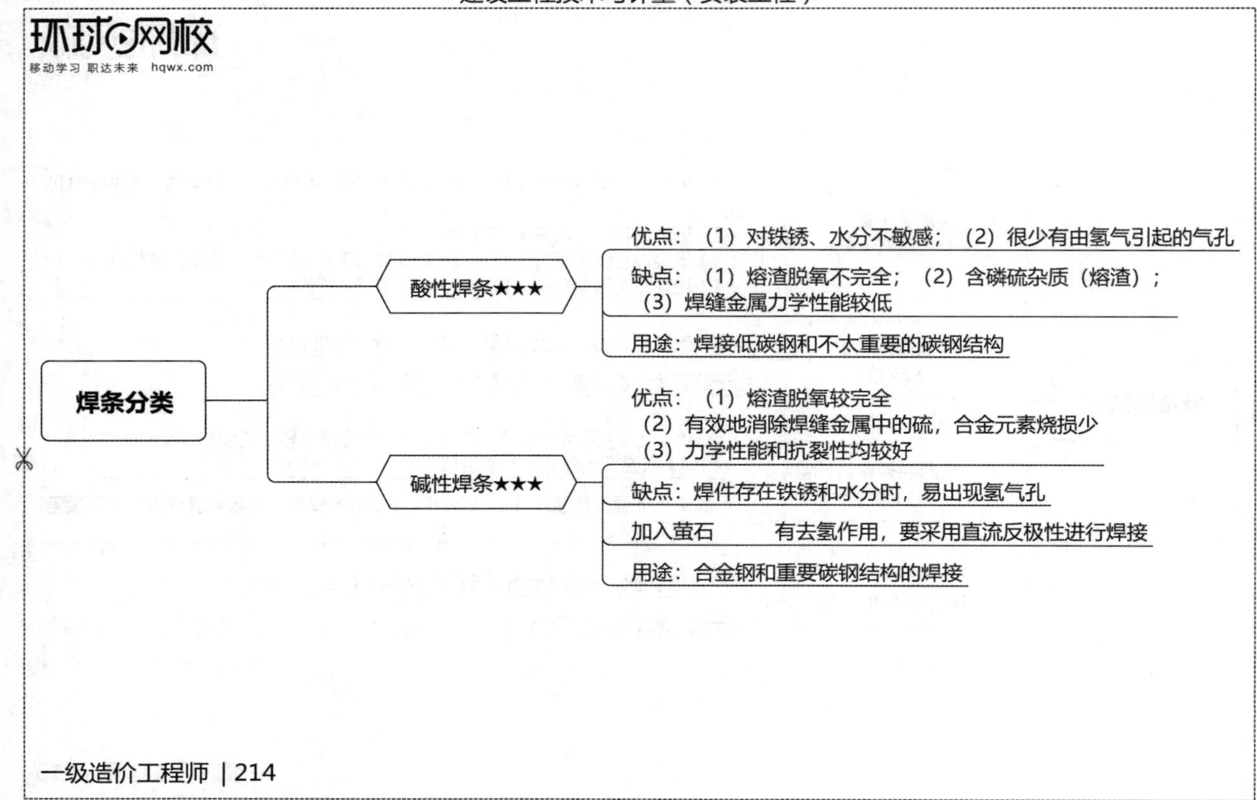
环球网校
移动学习 职达未来 hqwx.com
焊条分类
酸性焊条★★★
优点：（1）对铁锈、水分不敏感；（2）很少有由氢气引起的气孔
缺点：（1）熔渣脱氧不完全；（2）含磷硫杂质（熔渣）；
（3）焊缝金属力学性能较低
用途：焊接低碳钢和不太重要的碳钢结构
碱性焊条★★★
优点：（1）熔渣脱氧较完全
（2）有效地消除焊缝金属中的硫，合金元素烧损少
（3）力学性能和抗裂性均较好
缺点：焊件存在铁锈和水分时，易出现氢气孔
加入萤石
有去氢作用，要采用直流反极性进行焊接
用途：合金钢和重要碳钢结构的焊接

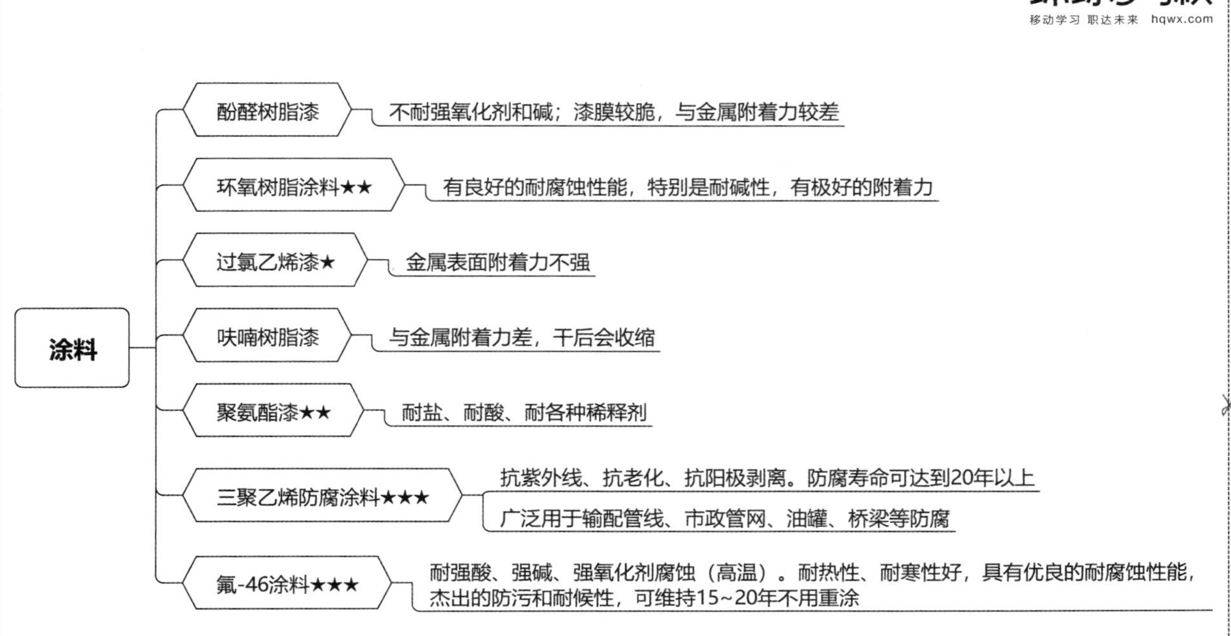
涂料
酚醛树脂漆
不耐强氧化剂和碱；漆膜较脆，与金属附着力较差
环氧树脂涂料★★
有良好的耐腐蚀性能，特别是耐碱性，有极好的附着力
过氯乙烯漆★
金属表面附着力不强
呋喃树脂漆
与金属附着力差，干后会收缩
聚氨酯漆★★
耐盐、耐酸、耐各种稀释剂
三聚乙烯防腐涂料★★★
抗紫外线、抗老化、抗阳极剥离。防腐寿命可达到20年以上
广泛用于输配管线、市政管网、油罐、桥梁等防腐
氟-46涂料★★★
耐强酸、强碱、强氧化剂腐蚀（高温）。耐热性、耐寒性好，具有优良的耐腐蚀性能，杰出的防污和耐候性，可维持15~20年不用重涂

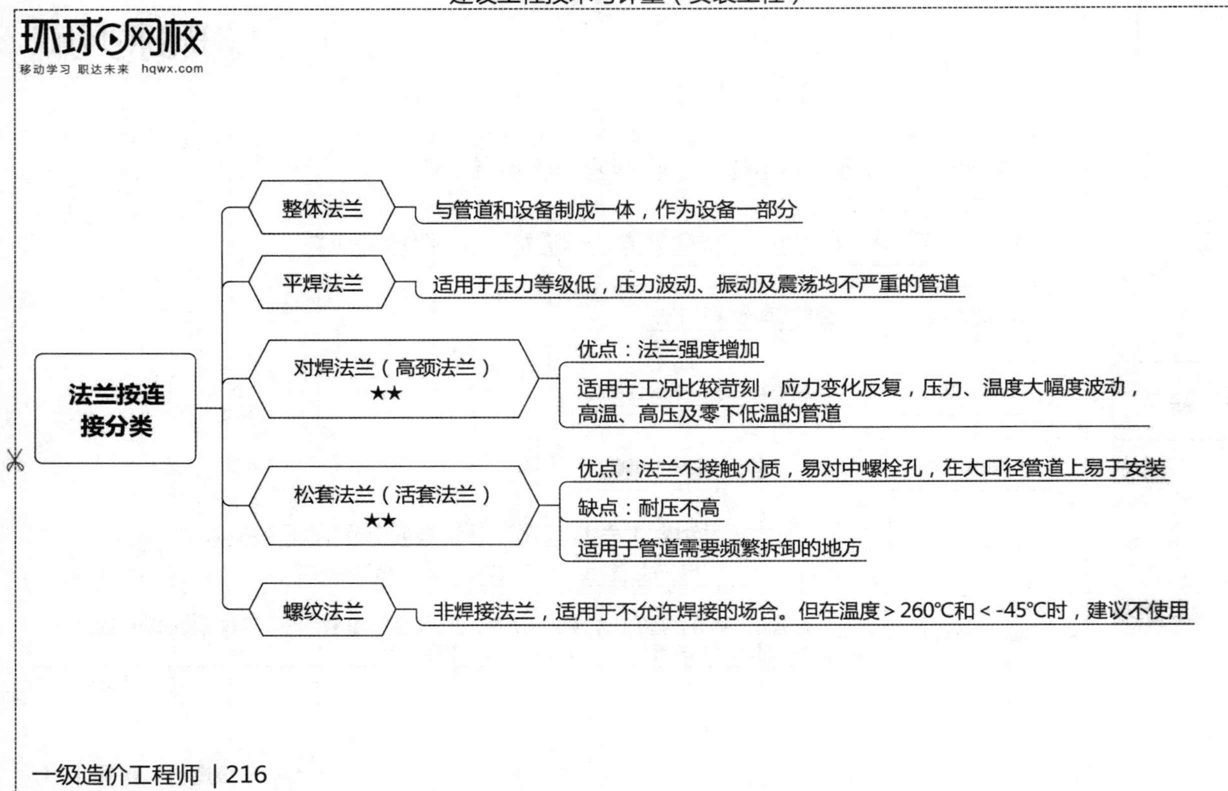
环球网校
移动学习 职达未来 hqwx.com
法兰按连接分类
整体法兰
与管道和设备制成一体，作为设备一部分
平焊法兰
适用于压力等级低，压力波动、振动及震荡均不严重的管道
对焊法兰（高颈法兰）★★
优点：法兰强度增加
适用于工况比较苛刻，应力变化反复，压力、温度大幅度波动，高温、高压及零下低温的管道
松套法兰（活套法兰）★★
优点：法兰不接触介质，易对中螺栓孔，在大口径管道上易于安装
缺点：耐压不高
适用于管道需要频繁拆卸的地方
螺纹法兰
非焊接法兰，适用于不允许焊接的场合。但在温度 > 260℃和 < -45℃时，建议不使用

法兰按密封面形式分类

- 榫槽面型★★★
  - 用于易燃、易爆、有毒介质及压力较高的重要密封
  - 垫片受力均匀，密封可靠。垫片很少受介质冲刷、腐蚀
- O形圈面型★★
  - 自封作用，截面尺寸小、重量轻，耗材少，使用简单，安装、拆卸方便
  - 良好的密封能力，压力使用范围宽
- 环连接面型★★
  - 与截面形状为八角形或椭圆形的实体金属垫片配合
  - 密封性能好，对安装要求也不太严格，适合于高温、高压工况，但密封面的加工精度较高
- 凹凸面型
  - （1）安装时便于对中，防止垫片被挤出
    （2）垫片宽度大，需较大压紧力
  - 适用于压力稍高的场合

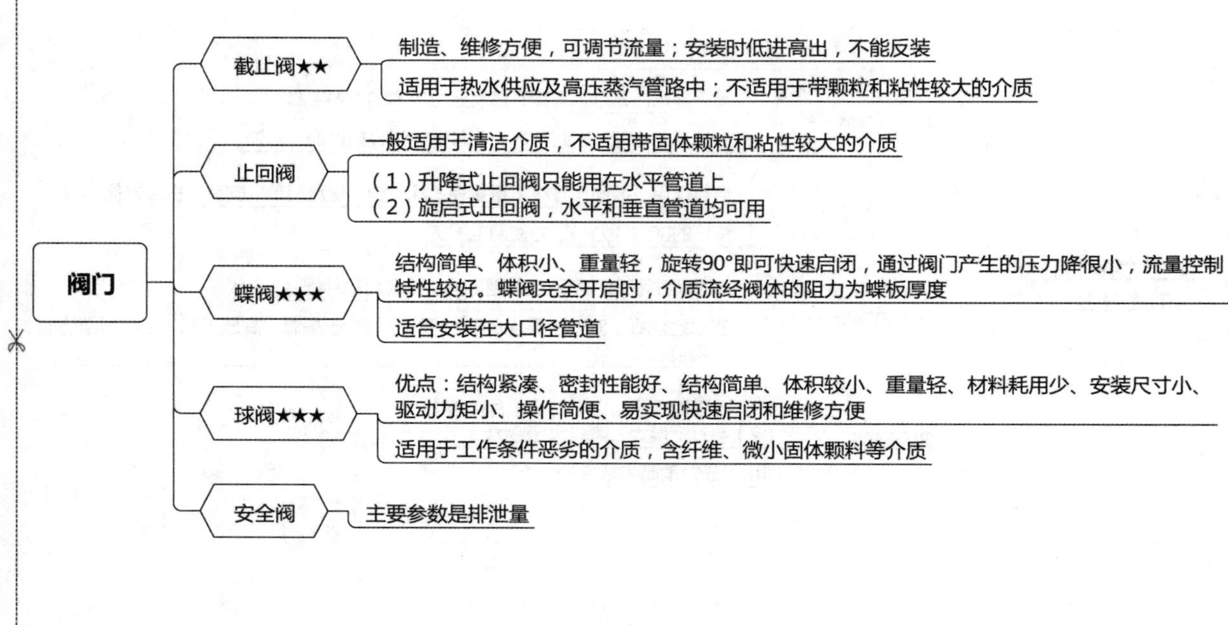
阀门
截止阀★★
制造、维修方便，可调节流量；安装时低进高出，不能反装
适用于热水供应及高压蒸汽管路中；不适用于带颗粒和粘性较大的介质
止回阀
一般适用于清洁介质，不适用带固体颗粒和粘性较大的介质
（1）升降式止回阀只能用在水平管道上
（2）旋启式止回阀，水平和垂直管道均可用
蝶阀★★★
结构简单、体积小、重量轻，旋转90°即可快速启闭，通过阀门产生的压力降很小，流量控制特性较好。蝶阀完全开启时，介质流经阀体的阻力为蝶板厚度
适合安装在大口径管道
球阀★★★
优点：结构紧凑、密封性能好、结构简单、体积较小、重量轻、材料耗用少、安装尺寸小、驱动力矩小、操作简便、易实现快速启闭和维修方便
适用于工作条件恶劣的介质，含纤维、微小固体颗料等介质
安全阀
主要参数是排泄量

补偿器★★★

- 方形补偿器
  - 优点：制造方便，补偿能力大，轴向推力小，维修方便，运行可靠
  - 缺点：占地面积较大
- 填料式补偿器（套筒式补偿器）
  - 优点：安装方便，占地面积小，流体阻力较小，补偿能力大
  - 缺点：轴向推力大，易漏水漏汽，需经常检修、更换填料
- 波形补偿器
  - 优点：结构紧凑，只轴向变形，与方形补偿器相比占据空间位置小，能在高温和耐腐蚀场合使用
  - 缺点：制造困难、耐压低、补偿能力小、轴向推力大。波形管的外形尺寸、壁厚、管径大小影响补偿能力
- 球形补偿器
  - 吸收或补偿管道一个或多个方向上横向位移，补偿器成对使用
  - 补偿能力大，流体阻力和变形应力小
  - 用途：（1）热力管道中，补偿热膨胀，其补偿能力为一般补偿器的5～10倍（2）冶金设备的汽化冷却系统中，作万向接头（3）建筑物管道中，防止因地基产生不均匀下沉或振动对管道产生的破坏

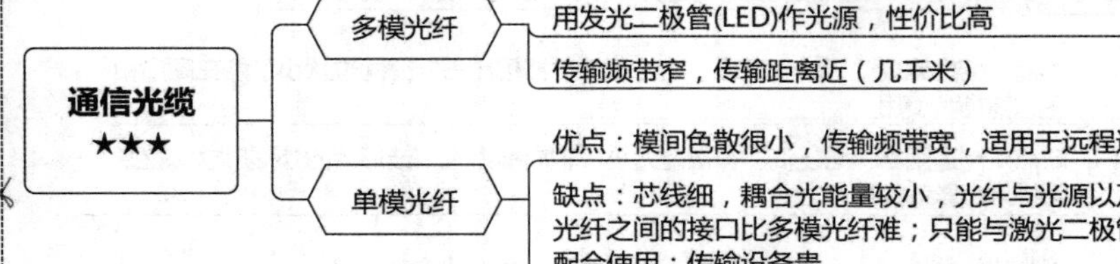
通信光缆
★★★
多模光纤
优点：芯线粗，耦合光能量、发散角度大，对光源要求低，能用发光二极管(LED)作光源，性价比高
传输频带窄，传输距离近（几千米）
单模光纤
优点：模间色散很小，传输频带宽，适用于远程通信
缺点：芯线细，耦合光能量较小，光纤与光源以及光纤与光纤之间的接口比多模光纤难；只能与激光二极管(LD)光源配合使用；传输设备贵
单模光纤比多模光纤价格高，但性能好

环球网校
移动学习 职达未来 hqwx.com

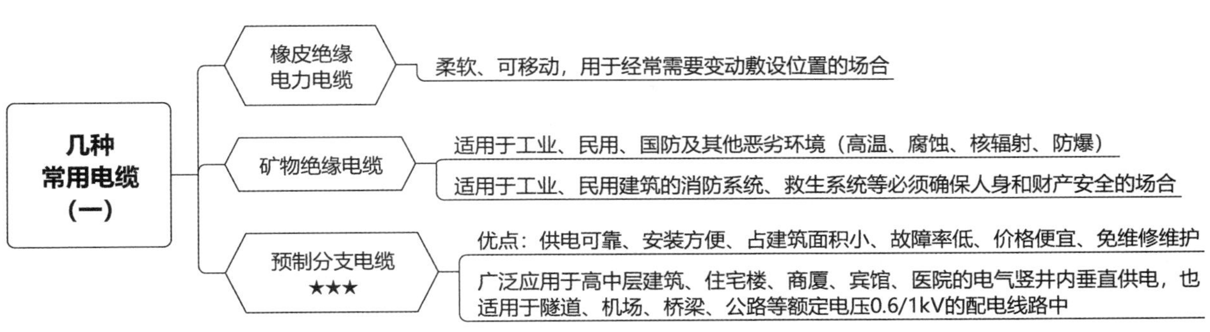
几种
常用电缆
（一）
橡皮绝缘
电力电缆
柔软、可移动，用于经常需要变动敷设位置的场合
矿物绝缘电缆
适用于工业、民用、国防及其他恶劣环境（高温、腐蚀、核辐射、防爆）
适用于工业、民用建筑的消防系统、救生系统等必须确保人身和财产安全的场合
预制分支电缆
★★★
优点：供电可靠、安装方便、占建筑面积小、故障率低、价格便宜、免维修维护
广泛应用于高中层建筑、住宅楼、商厦、宾馆、医院的电气竖井内垂直供电，也适用于隧道、机场、桥梁、公路等额定电压0.6/1kV的配电线路中

环球网校
移动学习 职达未来 hqwx.com

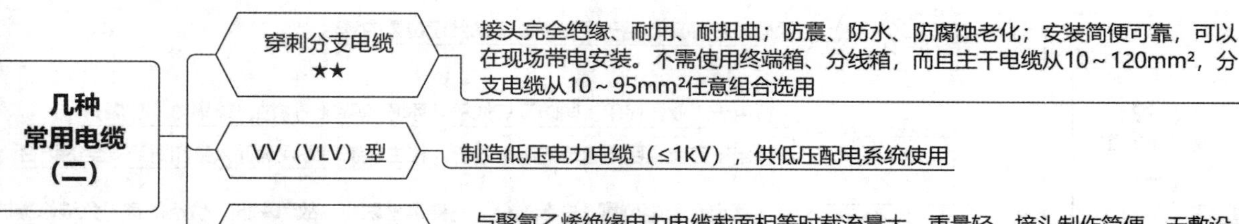
几种常用电缆（二）
穿刺分支电缆★★
接头完全绝缘、耐用、耐扭曲；防震、防水、防腐蚀老化；安装简便可靠，可以在现场带电安装。不需使用终端箱、分线箱，而且主干电缆从10～120mm²，分支电缆从10～95mm²任意组合选用
VV（VLV）型
制造低压电力电缆（≤1kV），供低压配电系统使用
YJV（YJLV）型
与聚氯乙烯绝缘电力电缆截面相等时载流量大，重量轻，接头制作简便，无敷设高差限制，适用于高层建筑

焊接（一）

- 埋弧焊
  - 优点：（1）热效率高，熔深大，坡口小，金属填充量小
    （2）焊接速度高
    （3）焊接质量好，减少气孔、裂纹等缺陷
    （4）有风环境中，保护效果好
  - 缺点：（1）只适用于水平位置、长焊缝焊接
    （2）不能焊接铝、钛等氧化性强的金属及其合金
    （3）容易焊偏
    （4）不适合焊接厚度 < 1mm的薄板
- 等离子弧焊
  - （1）穿透能力强，一次行程完成8mm以下直边对接接头单面焊双面成型的焊缝
    （2）可焊接薄壁结构（如1mm以下金属箔）
  - 优点：等离子弧能量集中、温度高，焊接速度快，生产率高
  - 缺点：设备比较复杂、气体耗量大，费用较高，只宜用于室内焊接

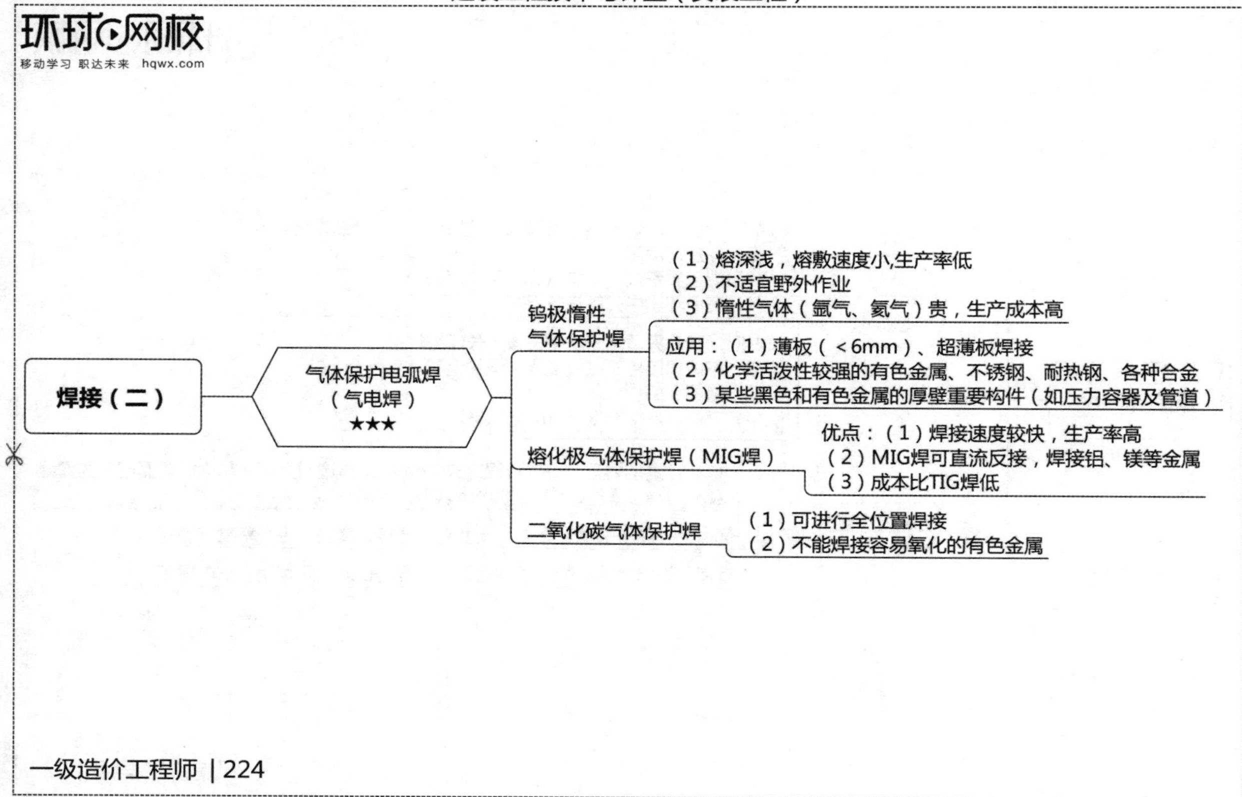
环球网校
移动学习 职达未来 hqwx.com
焊接（二）
气体保护电弧焊
（气电焊）
★★★
钨极惰性
气体保护焊
（1）熔深浅，熔敷速度小,生产率低
（2）不适宜野外作业
（3）惰性气体（氩气、氦气）贵，生产成本高
应用：（1）薄板（＜6mm）、超薄板焊接
（2）化学活泼性较强的有色金属、不锈钢、耐热钢、各种合金
（3）某些黑色和有色金属的厚壁重要构件（如压力容器及管道）
熔化极气体保护焊（MIG焊）
优点：（1）焊接速度较快，生产率高
（2）MIG焊可直流反接，焊接铝、镁等金属
（3）成本比TIG焊低
二氧化碳气体保护焊
（1）可进行全位置焊接
（2）不能焊接容易氧化的有色金属

焊后热处理

钢的退火工艺

- 完全退火　目的：细化组织、降低硬度、改善加工性能、去除内应力
- 不完全退火　目的：降低硬度、改善切削加工性能、消除内应力
- 去应力退火　目的：去除残余应力

钢的正火工艺

将钢件加热到临界点，保持一定时间后在空气中冷却，得到珠光体基体组织
目的：消除应力、细化组织、改善切削加工性能及淬火前的预热处理，某些结构件的最终热处理
正火较退火的冷却速度快，过冷度较大，正火处理的工件其强度、硬度、韧性比退火高，生产周期短，耗能少，在可能情况下，应优先考虑正火处理

钢的淬火工艺

目的：为提高钢件的硬度、强度和耐磨性

钢的回火工艺

- 低温回火：加热温度150～250℃，高硬度、耐磨性，降低内应力、脆性
- 中温回火：加热温度250～500℃，得到好的弹性、韧性及相应的硬度
- 高温回火　调质处理
  - 将钢件加热到500～700℃回火
  - 可获得较高的力学性能，如高强度、弹性极限和较高的韧性
  - 经调质处理的钢件性能显著超过正火处理的情况

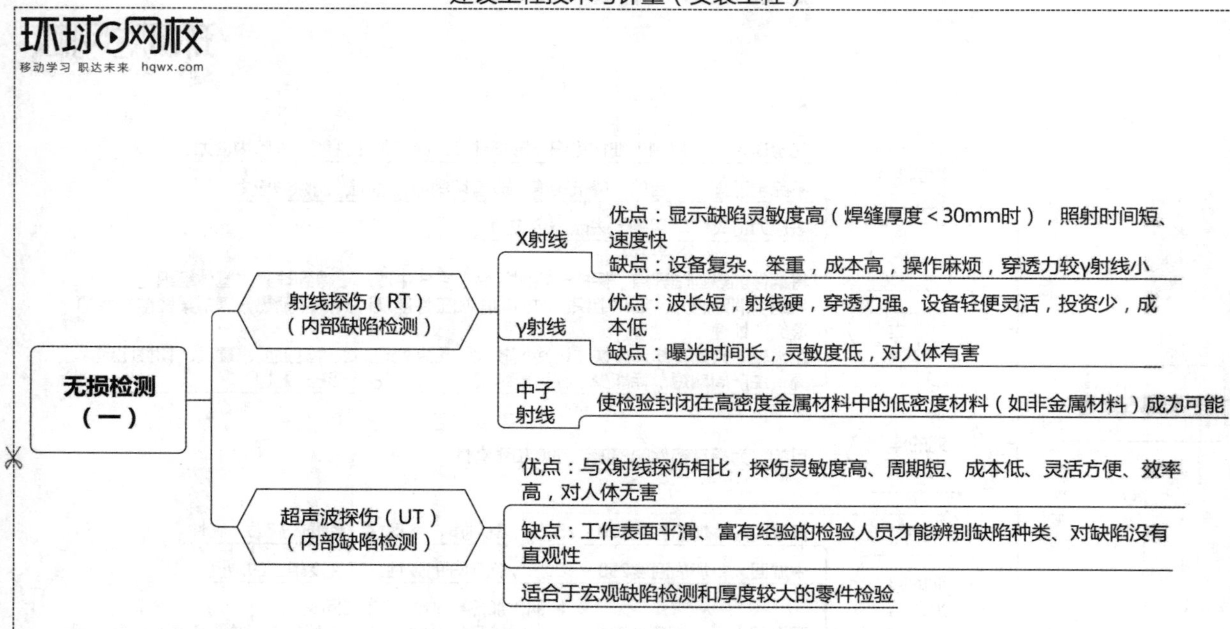
无损检测（一）
射线探伤（RT）（内部缺陷检测）
X射线
优点：显示缺陷灵敏度高（焊缝厚度＜30mm时），照射时间短、速度快
缺点：设备复杂、笨重，成本高，操作麻烦，穿透力较γ射线小
γ射线
优点：波长短，射线硬，穿透力强。设备轻便灵活，投资少，成本低
缺点：曝光时间长，灵敏度低，对人体有害
中子射线
使检验封闭在高密度金属材料中的低密度材料（如非金属材料）成为可能
超声波探伤（UT）（内部缺陷检测）
优点：与X射线探伤相比，探伤灵敏度高、周期短、成本低、灵活方便、效率高，对人体无害
缺点：工作表面平滑、富有经验的检验人员才能辨别缺陷种类、对缺陷没有直观性
适合于宏观缺陷检测和厚度较大的零件检验

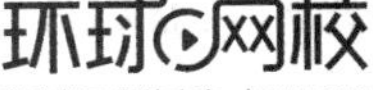

无损检测（二）

- 涡流探伤
  - 优点：（1）检测速度快，探头与试件可不直接接触，实现自动化
    （2）可以一次测量多种参数
  - 缺点：（1）只适用于导体，对形状复杂试件难作检查
    （2）只能检查薄或厚试件的表面、近表面缺陷
- 磁粉探伤
  - 缺点：（1）只能用于铁磁性材料
    （2）只能检测表面和近表面缺陷，探测深度1～2mm
    （3）难检测宽而浅的缺陷
    （4）检测后需退磁、清洗；试件表面不得有油脂或者其他能够黏附磁粉的物质
- 渗透探伤（PT）
  - 缺点：（1）只能检出试件开口于表面的缺陷
    （2）不能显示缺陷的深度及缺陷内部的形状和大小

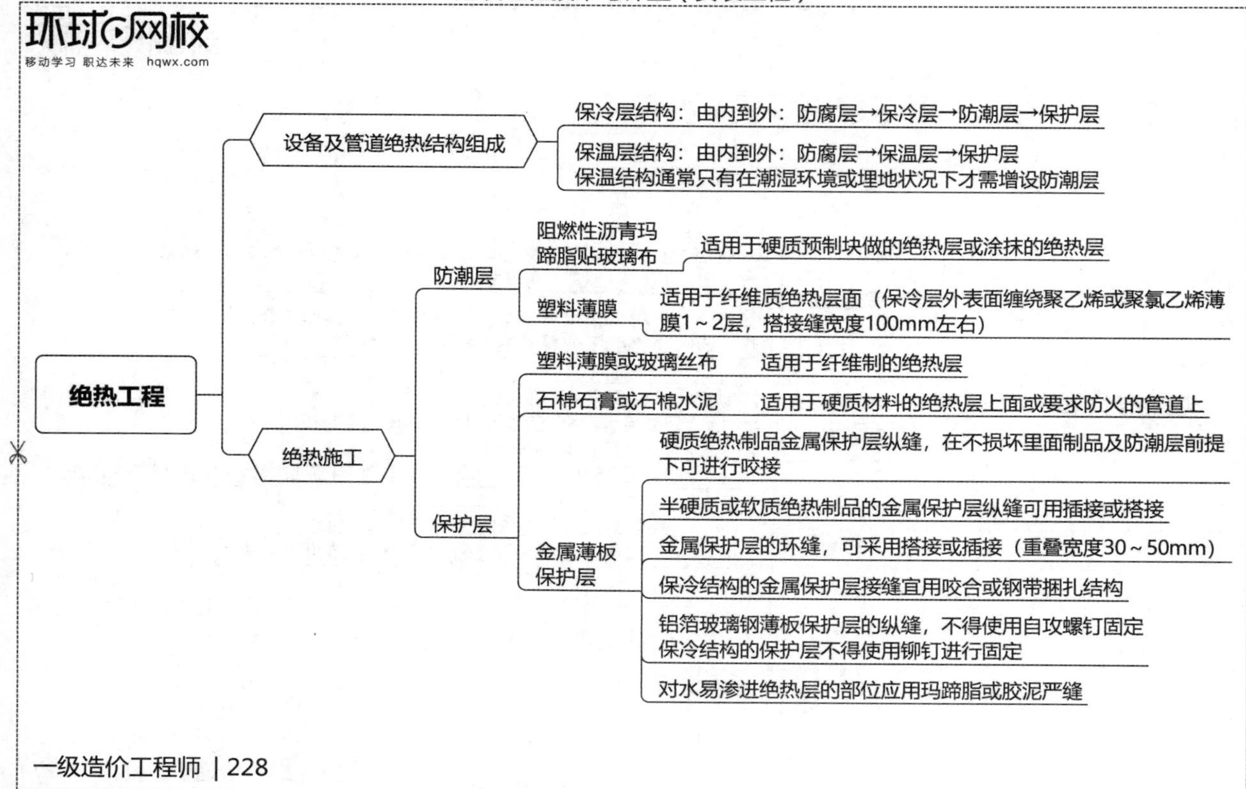
环球网校
移动学习 职达未来 hqwx.com
绝热工程
设备及管道绝热结构组成
保冷层结构：由内到外：防腐层→保冷层→防潮层→保护层
保温层结构：由内到外：防腐层→保温层→保护层
保温结构通常只有在潮湿环境或埋地状况下才需增设防潮层
绝热施工
防潮层
阻燃性沥青玛蹄脂贴玻璃布
适用于硬质预制块做的绝热层或涂抹的绝热层
塑料薄膜
适用于纤维质绝热层面（保冷层外表面缠绕聚乙烯或聚氯乙烯薄膜1～2层，搭接缝宽度100mm左右）
保护层
塑料薄膜或玻璃丝布
适用于纤维制的绝热层
石棉石膏或石棉水泥
适用于硬质材料的绝热层上面或要求防火的管道上
金属薄板保护层
硬质绝热制品金属保护层纵缝，在不损坏里面制品及防潮层前提下可进行咬接
半硬质或软质绝热制品的金属保护层纵缝可用插接或搭接
金属保护层的环缝，可采用搭接或插接（重叠宽度30～50mm）
保冷结构的金属保护层接缝宜用咬合或钢带捆扎结构
铝箔玻璃钢薄板保护层的纵缝，不得使用自攻螺钉固定
保冷结构的保护层不得使用铆钉进行固定
对水易渗进绝热层的部位应用玛蹄脂或胶泥严缝

起重机选用的基本参数

分类

- 吊装载荷、额定起重量、最大幅度、最大起升高度，是制定吊装技术方案的重要依据
- 吊装计算载荷Q_j
  - 动载荷系数K_1　取1.1
  - 不均衡载荷系数K_2　一般取1.1～1.2
  - 起重机独立吊装　计算载荷$Q_j=K_1\times Q$
  - 多台起重机联合起吊设备　其中一台起重机承担的计算载荷：$Q_j=K_1\times K_2\times Q$（$Q$——分配到一台起重机的吊装载荷，包括设备及索吊具重量）
- 额定起重量
  - 在确定回转半径和起升高度后，起重机能安全起吊的重量
  - 额定起重量应大于计算载荷
- 幅度　旋转臂架式起重机的幅度：指旋转中心线与取物装置铅垂线之间的水平距离
- 最大起升高度
  - 应满足: $H>h_1+h_2+h_3+h_4$

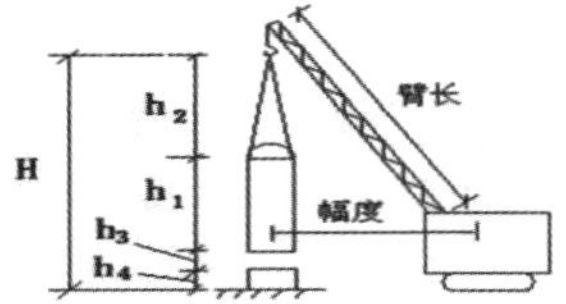

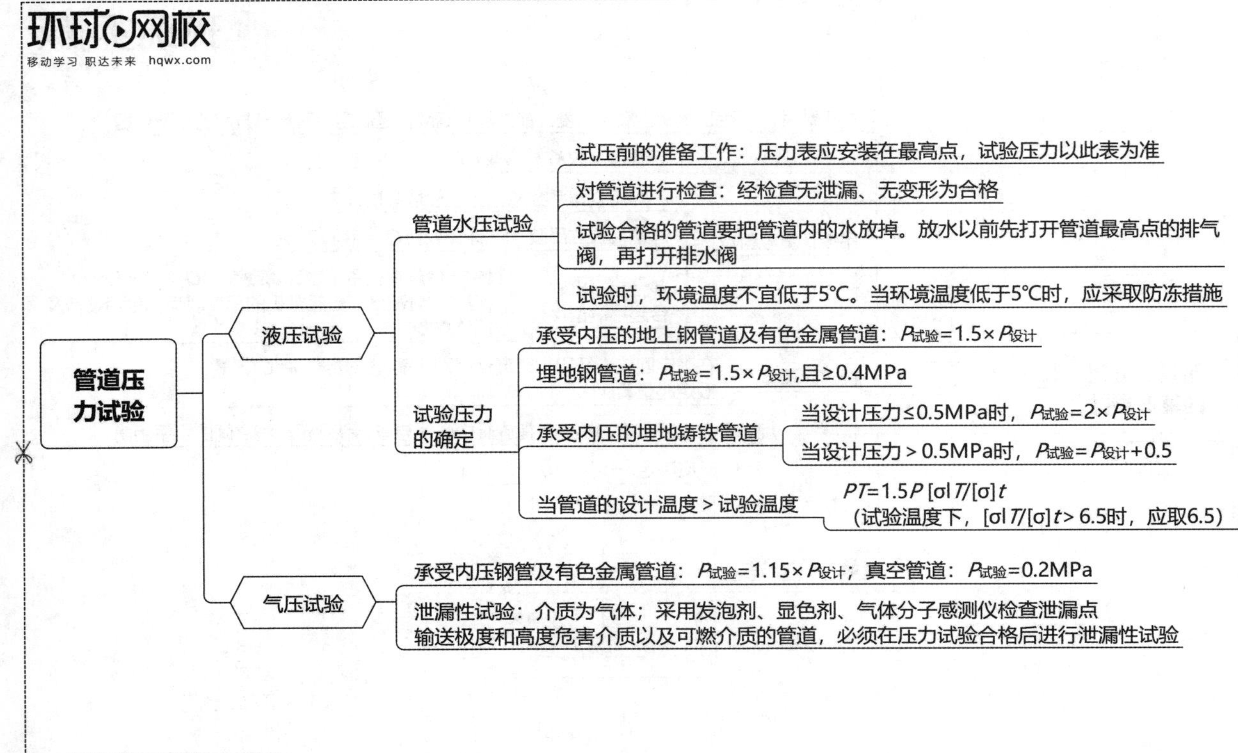
环球网校
移动学习 职达未来 hqwx.com
管道压力试验
液压试验
管道水压试验
试压前的准备工作：压力表应安装在最高点，试验压力以此表为准
对管道进行检查：经检查无泄漏、无变形为合格
试验合格的管道要把管道内的水放掉。放水以前先打开管道最高点的排气阀，再打开排水阀
试验时，环境温度不宜低于5℃。当环境温度低于5℃时，应采取防冻措施
试验压力的确定
承受内压的地上钢管道及有色金属管道：$P_{试验}=1.5\times P_{设计}$
埋地钢管道：$P_{试验}=1.5\times P_{设计}$,且≥0.4MPa
承受内压的埋地铸铁管道
当设计压力≤0.5MPa时，$P_{试验}=2\times P_{设计}$
当设计压力＞0.5MPa时，$P_{试验}=P_{设计}+0.5$
当管道的设计温度＞试验温度
$P_T=1.5P[\sigma]_T/[\sigma]_t$
（试验温度下，$[\sigma]_T/[\sigma]_t>6.5$时，应取6.5）
气压试验
承受内压钢管及有色金属管道：$P_{试验}=1.15\times P_{设计}$；真空管道：$P_{试验}=0.2MPa$
泄漏性试验：介质为气体；采用发泡剂、显色剂、气体分子感测仪检查泄漏点
输送极度和高度危害介质以及可燃介质的管道，必须在压力试验合格后进行泄漏性试验

清单

- 措施项目清单★★★
  - 安全文明施工及其他措施项目
    - 安全文明施工（含环境保护、文明施工、安全施工、临时设施）；夜间施工；非夜间施工；二次搬运；冬雨季施工增加；已完工程及设备保护；高层施工增加
  - 专业措施项目
- 安装工程计量项目划分★★
  - 附录A 机械设备安装工程（编码：0301）
  - 附录B 热力设备安装工程（编码：0302）
  - 附录C 静置设备与工艺金属结构制作安装工程（编码：0303）
  - 附录D 电气设备安装工程（编码：0304）
  - 附录E 建筑智能化工程（编码：0305）
  - 附录F 自动化控制仪表安装工程（编码：0306）
  - 附录G 通风空调工程（编码：0307）
  - 附录H 工业管道工程（编码：0308）
  - 附录J 消防工程（编码：0309）
  - 附录K 给排水、采暖、燃气工程（编码：0310）
  - 附录L 通信设备及线路工程（编码：0311）
  - 附录M 刷油、防腐蚀、绝热工程（编码：0312）
  - 附录N 措施项目（编码：0313）
- 基本安装高度（m）★★
  - 机械设备安装工程-10；电气设备安装工程、建筑智能化工程、消防工程-5
  - 通风空调工程、刷油、防腐蚀、绝热工程-6；给排水、采暖、燃气工程-3.6

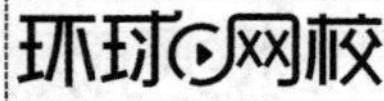

机械设备工程（一）

- 清洗设备及装配件表面油脂
  - 精密零件、滚动轴承等 —— 不得用喷洗法
  - 设备及大、中型部件的局部清洗 —— 溶剂油、航空洗涤汽油、轻柴油、乙醇、金属清洗剂等擦洗、涮洗
  - 中小型形状复杂的装配件 —— （1）多步清洗法或浸、涮结合清洗；（2）加热浸洗
  - 形状复杂、污垢黏附严重的装配件 —— 三氯乙烯等清洗液进行喷洗（形状复杂垢黏装配件喷洗）
  - 形状复杂、污垢黏附严重、清洗要求高的装配件 —— 浸-喷联合清洗
  - 最后清洗 —— 采用超声波装置

机械设备工程（二）

固体输送设备

- 带式输送机
  - 做水平方向的运输，也可以按一定倾斜角向上或向下运输
  - 经济性好，在规定的距离内，每吨物料运输费用较其他类型的运输设备低
- 斗式提升输送机
  - 提升倾角大于20°的散装固体物料，通常采用斗式提升机、斗式输送机和吊斗提升机
- 螺旋输送机
  - 传送、提升、装卸散状固体物料。输送块状，纤维状或黏性物料时被输送的固体物料有压结倾向
- 埋刮板输送机
  - 全封闭式的机壳或者采用惰性气体保护被输送物料
  - 可以输送
    - （1）输送粉状的、小块状的、片状和粒状的物料
    - （2）输送有毒、有爆炸性的物料
- 振动输送机
  - （1）与其他连续输送机相比，初始价格高，维护费用低，运行费用低（耗能低），输送能力有限
  - （2）输送具有磨琢性、化学腐蚀性或有毒的散状固体物料、高温物料。可在防尘、有气密要求或在有压力情况下输送物料
  - （3）不能输送黏性强的、易破损的、含气的物料，不能大角度向上倾斜输送物料

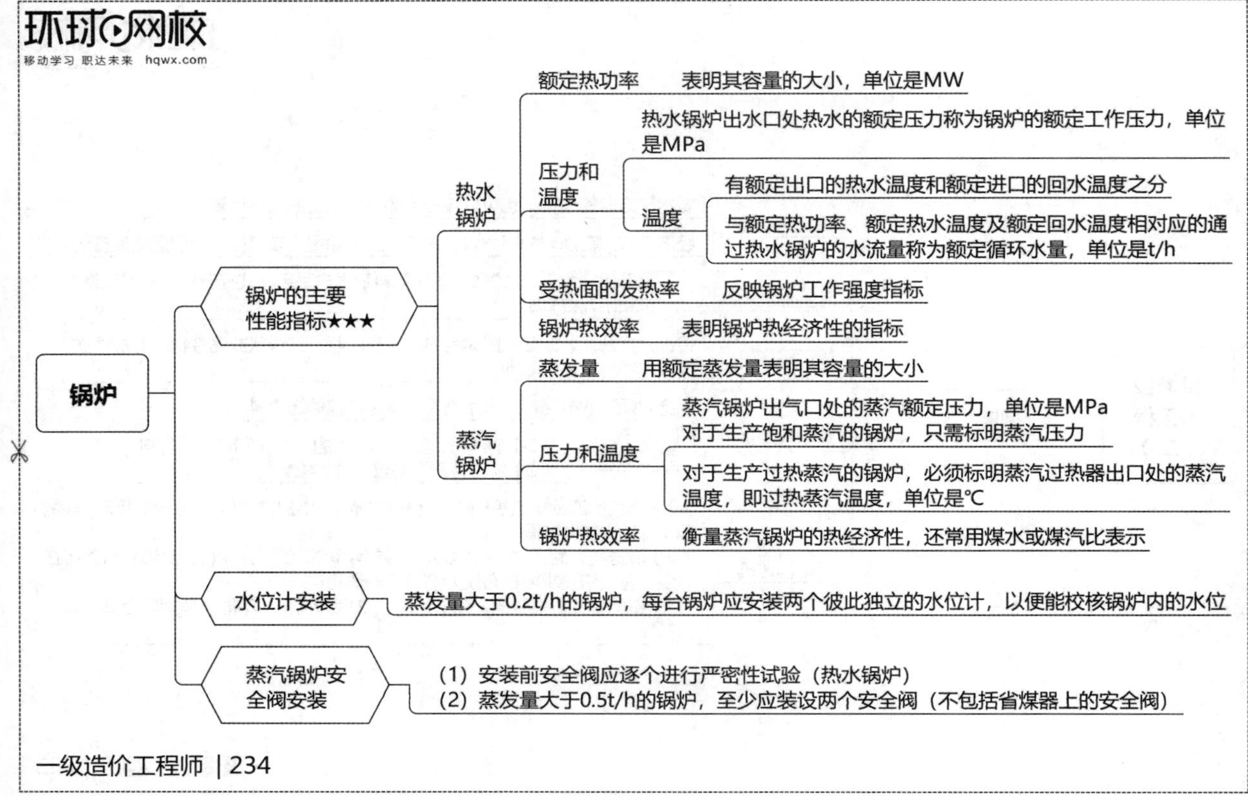
环球网校
移动学习 职达未来 hqwx.com
锅炉
锅炉的主要性能指标★★★
热水锅炉
额定热功率
表明其容量的大小，单位是MW
压力和温度
热水锅炉出水口处热水的额定压力称为锅炉的额定工作压力，单位是MPa
温度
有额定出口的热水温度和额定进口的回水温度之分
与额定热功率、额定热水温度及额定回水温度相对应的通过热水锅炉的水流量称为额定循环水量，单位是t/h
受热面的发热率
反映锅炉工作强度指标
锅炉热效率
表明锅炉热经济性的指标
蒸汽锅炉
蒸发量
用额定蒸发量表明其容量的大小
压力和温度
蒸汽锅炉出气口处的蒸汽额定压力，单位是MPa
对于生产饱和蒸汽的锅炉，只需标明蒸汽压力
对于生产过热蒸汽的锅炉，必须标明蒸汽过热器出口处的蒸汽温度，即过热蒸汽温度，单位是℃
锅炉热效率
衡量蒸汽锅炉的热经济性，还常用煤水或煤汽比表示
水位计安装
蒸发量大于0.2t/h的锅炉，每台锅炉应安装两个彼此独立的水位计，以便能校核锅炉内的水位
蒸汽锅炉安全阀安装
（1）安装前安全阀应逐个进行严密性试验（热水锅炉）
（2）蒸发量大于0.5t/h的锅炉，至少应装设两个安全阀（不包括省煤器上的安全阀）

风机和压缩机

风机 ★★

- 离心通风机一般常用于小流量、高压力的场所，且几乎均选用交流电动机拖动，并根据使用要求如排尘、高温、防爆等，选用不同类型的电动机
- 轴流式通风机产生的压力较低，且一般情况下多采用单级，其输出风压≤490Pa。即使是高压轴流通风机，其风压＜4900Pa

与离心式通风机相比，轴流式通风机：
（1）流量大、风压低
（2）体积小
（3）安装角可调，运行工况的范围大，变工况情况下的效率高
（4）使用范围和经济性能均比离心式通风机好

压缩机 ★★★

活塞式

（1）气流速度低、损失小、效率高
（2）压力范围广，从低压到超高压范围均适用
（3）适用性强
（4）除超高压压缩机，机组零部件多用普通金属材料
（5）外形尺寸及重量较大，结构复杂，易损件多，排气脉动性大，气体中常混有润滑油

透平式

（1）气流速度高，损失大
（2）小流量，超高压范围不适用
（3）流量和出口压力变化由性能曲线决定，若出口压力过高，机组则进入喘振工况而无法运行
（4）旋转零部件常用高强度合金钢
（5）外形尺寸及重量较小，结构简单，易损件少，排气均匀无脉动，气体中不含油

自动喷水灭火系统（一）★★★

类别（1）

- 自动喷水湿式灭火系统
  - 准工作状态时管道内充满有压水的闭式系统
    组成：闭式喷头、水流指示器、湿式自动报警阀组、控制阀及管路系统
  - 优点：具有控制火势或灭火迅速的特点
    缺点：不适应寒冷地区，使用环境温度为4～70℃
- 自动喷水干式灭火系统
  - 供水系统、喷头布置等与湿式系统完全相同。在报警阀前充满水而在阀后管道内充以压缩空气。当火灾发生时，喷水头开启，先排管路空气，供水才能进入管网，由喷头喷水灭火
  - 适用于环境温度＜4℃和＞70℃并不宜采用湿式喷头灭火系统的地方
- 自动喷水预作用系统
  - 既克服干式系统延迟，又避免湿式系统易渗水的弊病，适用于不允许有水渍损失的建筑物、构筑物

环球网校
移动学习 职达未来 hqwx.com

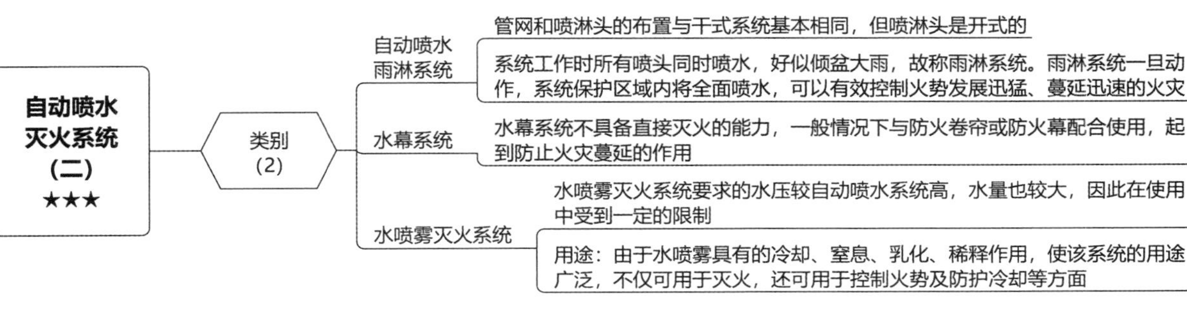
自动喷水灭火系统（二）★★★
类别（2）
自动喷水雨淋系统
管网和喷淋头的布置与干式系统基本相同，但喷淋头是开式的
系统工作时所有喷头同时喷水，好似倾盆大雨，故称雨淋系统。雨淋系统一旦动作，系统保护区域内将全面喷水，可以有效控制火势发展迅猛、蔓延迅速的火灾
水幕系统
水幕系统不具备直接灭火的能力，一般情况下与防火卷帘或防火幕配合使用，起到防止火灾蔓延的作用
水喷雾灭火系统
水喷雾灭火系统要求的水压较自动喷水系统高，水量也较大，因此在使用中受到一定的限制
用途：由于水喷雾具有的冷却、窒息、乳化、稀释作用，使该系统的用途广泛，不仅可用于灭火，还可用于控制火势及防护冷却等方面

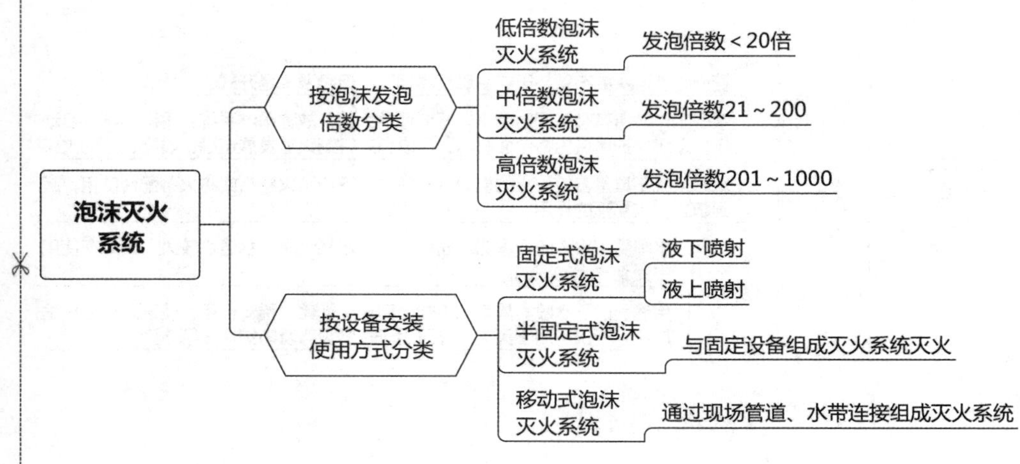
泡沫灭火系统
按泡沫发泡倍数分类
低倍数泡沫灭火系统
发泡倍数＜20倍
中倍数泡沫灭火系统
发泡倍数21～200
高倍数泡沫灭火系统
发泡倍数201～1000
按设备安装使用方式分类
固定式泡沫灭火系统
液下喷射
液上喷射
半固定式泡沫灭火系统
与固定设备组成灭火系统灭火
移动式泡沫灭火系统
通过现场管道、水带连接组成灭火系统

环球网校
移动学习 职达未来 hqwx.com

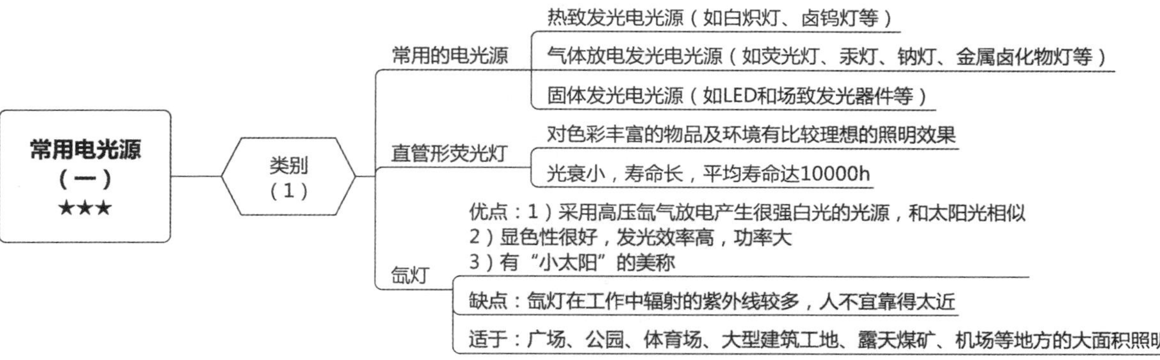
常用电光源
（一）
★★★
类别
（1）
常用的电光源
热致发光电光源（如白炽灯、卤钨灯等）
气体放电发光电光源（如荧光灯、汞灯、钠灯、金属卤化物灯等）
固体发光电光源（如LED和场致发光器件等）
直管形荧光灯
对色彩丰富的物品及环境有比较理想的照明效果
光衰小，寿命长，平均寿命达10000h
氙灯
优点：1）采用高压氙气放电产生很强白光的光源，和太阳光相似
2）显色性很好，发光效率高，功率大
3）有“小太阳”的美称
缺点：氙灯在工作中辐射的紫外线较多，人不宜靠得太近
适于：广场、公园、体育场、大型建筑工地、露天煤矿、机场等地方的大面积照明

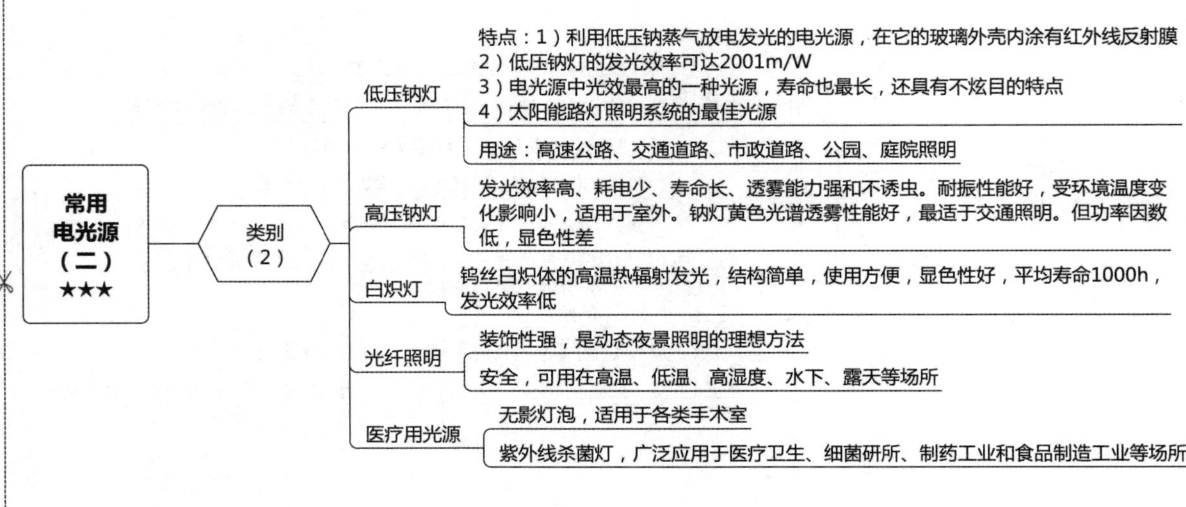
常用
电光源
（二）
★★★
类别
（2）
低压钠灯
特点：1）利用低压钠蒸气放电发光的电光源，在它的玻璃外壳内涂有红外线反射膜
2）低压钠灯的发光效率可达2001m/W
3）电光源中光效最高的一种光源，寿命也最长，还具有不炫目的特点
4）太阳能路灯照明系统的最佳光源
用途：高速公路、交通道路、市政道路、公园、庭院照明
高压钠灯
发光效率高、耗电少、寿命长、透雾能力强和不诱虫。耐振性能好，受环境温度变化影响小，适用于室外。钠灯黄色光谱透雾性能好，最适于交通照明。但功率因数低，显色性差
白炽灯
钨丝白炽体的高温热辐射发光，结构简单，使用方便，显色性好，平均寿命1000h，发光效率低
光纤照明
装饰性强，是动态夜景照明的理想方法
安全，可用在高温、低温、高湿度、水下、露天等场所
医疗用光源
无影灯泡，适用于各类手术室
紫外线杀菌灯，广泛应用于医疗卫生、细菌研所、制药工业和食品制造工业等场所

电动机的型号及选择

功率选择

（1）电动机铭牌标出的额定功率是指电动机轴输出的机械功率

（2）为了提高设备自然功率因数，应尽量使电动机满载运行，电动机的效率一般为80%以上

启动方法

直接启动

特点：（1）启动电流大，一般为额定电流的4～7倍

（2）启动方法简单，但一般仅适用于容量7.5kW以下的三相异步电动机

（3）具体接线方法有星形连接和三角形连接

减压启动

当电动机容量较大时，为了降低启动电流，常采用减压启动

- 星—三角启动法：当电动机正常工作时为三角形连结时，先用星形连结启动
- 自耦减压启动控制柜（箱）减压启动：可对三相笼型异步电动机作不频繁自耦减压启动，以减少电动机启动电流对输电网络的影响，可加速电动机转速至额定转速和人为停止电动机运转。对电动机具有过载、断相、短路等保护
- 绕线转子异步电动机启动（串入电阻）：为减小启动电流，用在转子电路中串入电阻的方法启动不仅降低了启动电流，而且提高了启动转矩
- 软启动器：
  （1）完全能够满足电动机平稳启动要求
  （2）可靠性高、维护量小、电动机保护良好
  （3）参数设置简单
- 变频启动：把工频电源(50Hz)变换成各种频率的交流电源，以实现电机变速运行设备

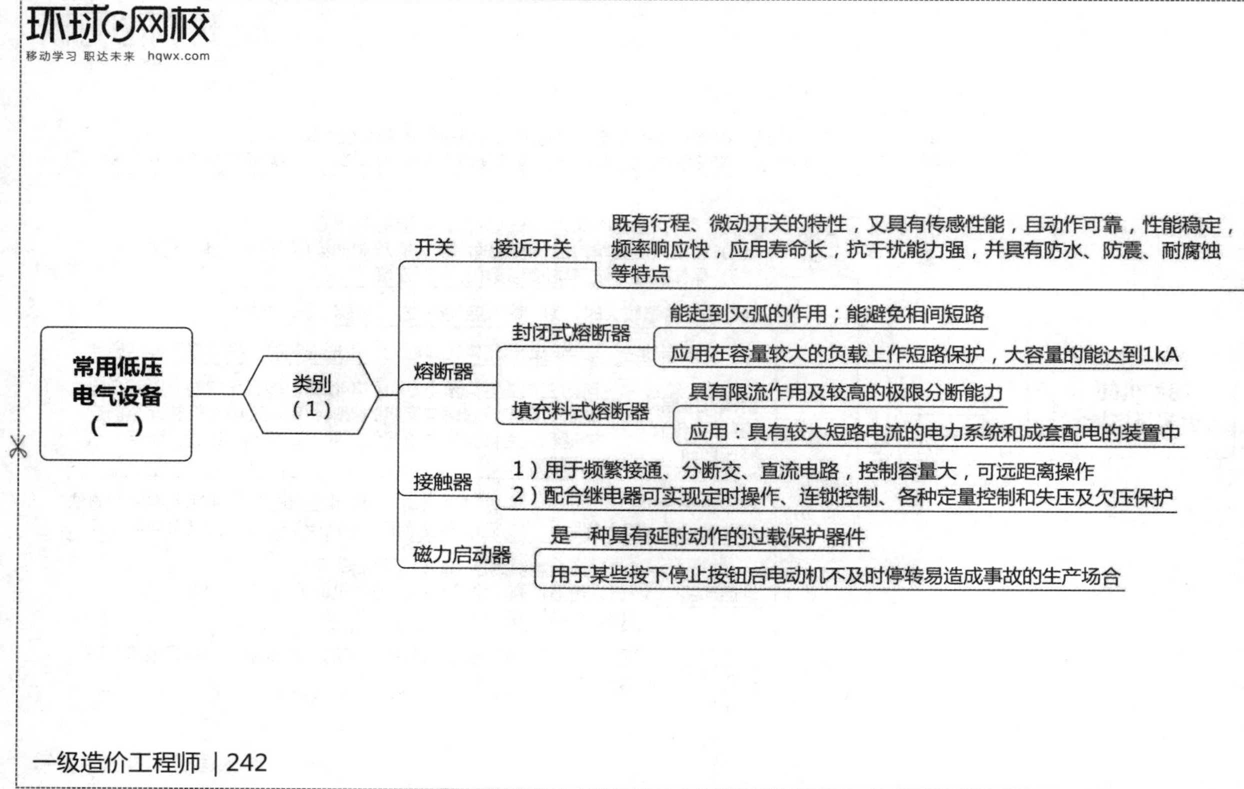
环球网校
移动学习 职达未来 hqwx.com
常用低压电气设备（一）
类别（1）
开关
接近开关
既有行程、微动开关的特性，又具有传感性能，且动作可靠，性能稳定，频率响应快，应用寿命长，抗干扰能力强，并具有防水、防震、耐腐蚀等特点
熔断器
封闭式熔断器
能起到灭弧的作用；能避免相间短路
应用在容量较大的负载上作短路保护，大容量的能达到1kA
填充料式熔断器
具有限流作用及较高的极限分断能力
应用：具有较大短路电流的电力系统和成套配电的装置中
接触器
1）用于频繁接通、分断交、直流电路，控制容量大，可远距离操作
2）配合继电器可实现定时操作、连锁控制、各种定量控制和失压及欠压保护
磁力启动器
是一种具有延时动作的过载保护器件
用于某些按下停止按钮后电动机不及时停转易造成事故的生产场合

环球网校
移动学习 职达未来 hqwx.com

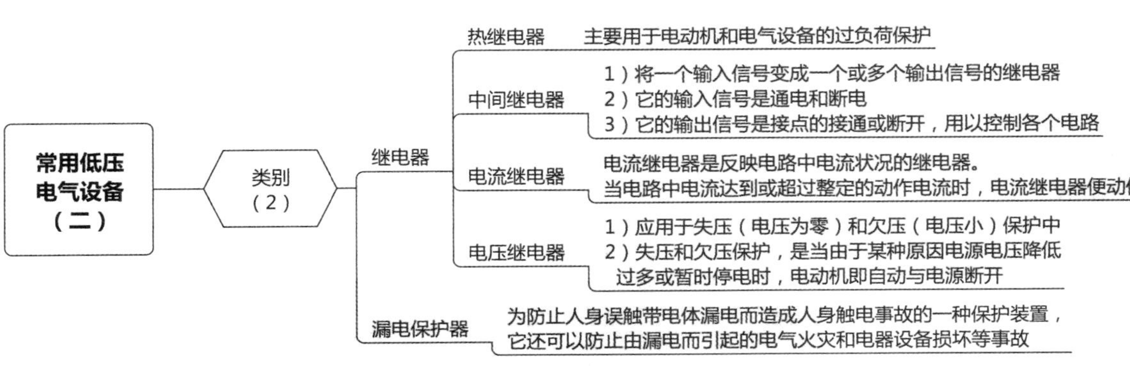
常用低压电气设备（二）
类别（2）
继电器
热继电器
主要用于电动机和电气设备的过负荷保护
中间继电器
1）将一个输入信号变成一个或多个输出信号的继电器
2）它的输入信号是通电和断电
3）它的输出信号是接点的接通或断开，用以控制各个电路
电流继电器
电流继电器是反映电路中电流状况的继电器。
当电路中电流达到或超过整定的动作电流时，电流继电器便动作
电压继电器
1）应用于失压（电压为零）和欠压（电压小）保护中
2）失压和欠压保护，是当由于某种原因电源电压降低过多或暂时停电时，电动机即自动与电源断开
漏电保护器
为防止人身误触带电体漏电而造成人身触电事故的一种保护装置，它还可以防止由漏电而引起的电气火灾和电器设备损坏等事故

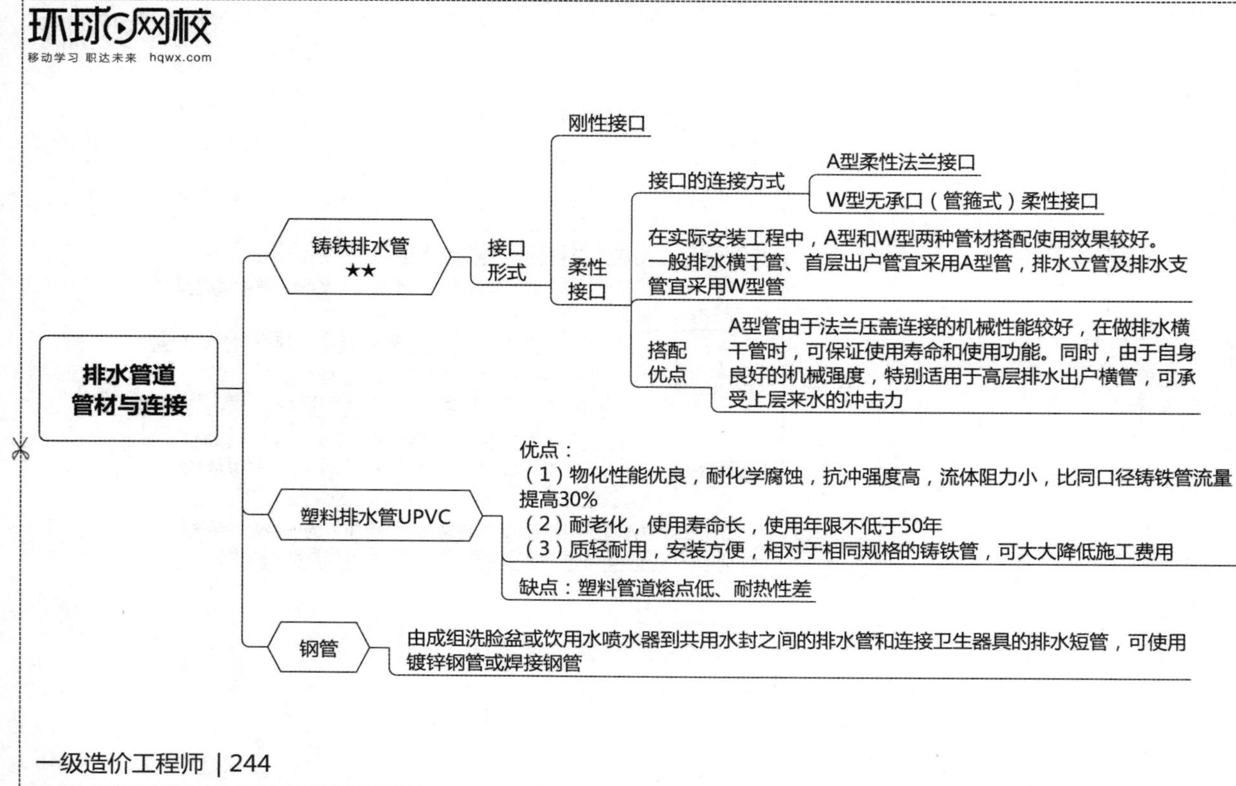
环球网校
移动学习 职达未来 hqwx.com
排水管道管材与连接
铸铁排水管★★
接口形式
刚性接口
柔性接口
接口的连接方式
A型柔性法兰接口
W型无承口（管箍式）柔性接口
在实际安装工程中，A型和W型两种管材搭配使用效果较好。一般排水横干管、首层出户管宜采用A型管，排水立管及排水支管宜采用W型管
搭配优点
A型管由于法兰压盖连接的机械性能较好，在做排水横干管时，可保证使用寿命和使用功能。同时，由于自身良好的机械强度，特别适用于高层排水出户横管，可承受上层来水的冲击力
塑料排水管UPVC
优点：
（1）物化性能优良，耐化学腐蚀，抗冲强度高，流体阻力小，比同口径铸铁管流量提高30%
（2）耐老化，使用寿命长，使用年限不低于50年
（3）质轻耐用，安装方便，相对于相同规格的铸铁管，可大大降低施工费用
缺点：塑料管道熔点低、耐热性差
钢管
由成组洗脸盆或饮用水喷水器到共用水封之间的排水管和连接卫生器具的排水短管，可使用镀锌钢管或焊接钢管

常见采暖系统形式★★

- 热水采暖系统
  - 机械循环双管上供下回式
    - （1）最常用的双管系统做法，适用于多层建筑采暖系统
    - （2）排气方便；室温可调节
    - （3）易产生垂直失调，出现上层过热、下层过冷现象
  - 重力循环双管上供下回式
    - （1）系统简单、作用压力小、升温慢、不消耗电能
    - （2）各组散热器均为并联，可单独调节
    - （3）易产生垂直失调，出现上层过热、下层过冷现象
- 低温热水地板辐射采暖系统
  - 采暖管辐射形式：平行排管、蛇形排管、蛇形盘管。能实现“按户计量、分室调温”
- 分户热计量采暖系统
  - 分户水平双管系统：上供下回式、上供上回式和下供下回式；系统布置：同程式、异程式
  - 分户水平放射式系统（又称章鱼式）：每户入口设置小型分集水器，各组散热器并联；从分水器引出的散热器支管呈辐射状埋地敷设至各组散热器，适用于多层住宅多个用户的分户热计量系统
- 热风采暖系统
  - （1）适用于耗热量大的建筑物，间歇使用的房间和有防火防爆要求的车间
  - （2）具有热惰性小、升温快、设备简单、投资省等优点。具有节能、舒适性强、能实现“按户计量、分室调温”、不占用室内空间等特点

采暖系统主要设备和部件（一）★★

- 水泵
  - 循环水泵
    - 提供的扬程应等于水从热源经管路送到末端设备再回到热源一个闭合环路的阻力损失，即扬程不小于设计流量条件下热源、热网、最不利用户环路压力损失之和
    - 一般将循环水泵设在回水干管上，回水温度低，泵的工作条件好，有利于延长其使用寿命
  - 凝结水泵
    - 用于输送凝结水的水泵。凝结水泵台数不应少于2台，其中1台备用。凝结水泵可设置在热源、凝水回收站和用户内
- 散热器选用（1）
  - 铸铁散热器：优点：结构简单，防腐性好，使用寿命长、热稳定性好和价格便宜
    缺点：金属耗量大、传热系数低于钢制散热器、承压能力低
  - 铝制散热器：
    1）热工性能好、质量小、承压能力高、成型容易；外表美观，易于建筑装饰协调
    2）造价高、碱腐蚀严重，应尽量选用内防腐铝制散热器
    3）适用于高档公寓、酒店等高级建筑

采暖系统主要设备和部件（二）★★

散热器选用（2）

钢制散热器的特点（与铸铁相比）：

1）优点：金属耗量少，传热系数高；耐压强度高，最高承压能力可达0.8～1.0MPa，适用于高层建筑供暖和高温水供暖系统；外形美观整洁，占地小，便于布置

2）缺点：除钢制柱型散热器外，钢制散热器的水容量较少，热稳定性较差，在供水温度偏低而又采用间歇供暖时，散热效果明显降低；耐腐蚀性差，使用寿命比铸铁散热器短

3）应用：钢制散热器是目前使用最广泛的散热器，适合大型别墅或大户型住宅使用。蒸汽供暖系统中、具有腐蚀性气体的生产厂房或相对湿度较大的房间不宜设置钢制散热器

光排管散热器

1）优点：构造简单、制作方便，使用年限长、散热快、散热面积大、适用范围广、易于清洁、无需维护保养

2）缺点：较笨重、耗钢材、占地面积大

3）应用：自行供热的车间厂房首选的散热设备，也适用于灰尘较大的车间

通风方式

- 全面通风 ★★★
  - 稀释通风：对整个房间进行通风换气，所需要的全面通风量大，控制效果差
  - 单向流通风：通过有组织的气流流动，控制有害物的扩散和转移。具有通风量小、控制效果好等优点
  - 均匀通风：利用速度和方向完全一致均匀流把室内污染空气全部压出和置换
  - 置换通风：低速、低温送风与室内分区流态是置换通风的重要特点。要求分布器能将低温的新风以较小的风速均匀送出，并散布开来
- 建筑防火防排烟系统 ★★
  - 自然排烟：自然排烟方式的应用：除建筑高度超过50m的一类公共建筑和建筑高度超过100m的居住建筑外，靠外墙的防烟楼梯间及其前室、消防电梯间前室和合用前室采用排烟竖井自然排烟；不靠外墙的防烟楼梯间前室、消防电梯前室和合用前室或虽靠外墙但不能开窗者
  - 加压防烟系统：有效的防烟措施，造价高。主要用于高层建筑的垂直疏散通道和避难层（间），在建筑高度过高或重要的建筑中，都必须采用加压送风防烟系统

通风（空调）主要设备和附件（一）★★★

通风机

- 贯流式通风机：大量应用于空调挂机、空调扇、风幕机等设备产品中
- 排尘通风机：适用于输送含尘气体
- 防爆通风机：叶轮用铝板制作，机壳用钢板制作，对于防爆等级高的通风机叶轮、机壳则均用铝板制作，并在机壳和轴之间增设密封装置
- 防腐通风机：特点：（1）质量轻，强度大，防腐性能好，已广泛应用
  （2）通风机刚度差，易开裂
- 屋顶通风机：直接安装于建筑物的屋顶上。材料可用钢制或玻璃钢制
- 射流通风机：与普通轴流通风机相比
  - （1）能提供较大的通风量和较高的风压（一般认为通风量可增加30%～35%，风压增高约2倍）
  - （2）具有可逆转特性，反转后风机特性只降低5%
  - （3）用于铁路、公路隧道的通风换气

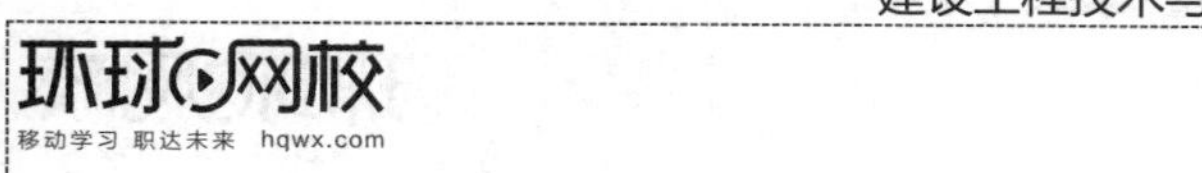

通风（空调）主要设备和附件（二）★★★

- 风阀
  - 具有控制和调节两种功能的风阀
    - 蝶式调节阀、菱形单叶调节阀和插板阀：主要用于小断面风管
    - 平行式多叶调节阀、对开式多叶调节阀和菱形多叶调节阀：主要用于大断面风管
    - 复式多叶调节阀和三通调节阀：用于管网分流或合流或旁通处的各支路风量调节
  - 只具有控制功能的风阀
    - 止回阀
    - 防火阀：平常全开，火灾时关闭并切断气流，防止火灾通过风管蔓延，70℃关闭
    - 排烟阀：平常关闭，排烟时全开，排除室内烟气，80℃开启

环球网校
移动学习 职达未来 hqwx.com

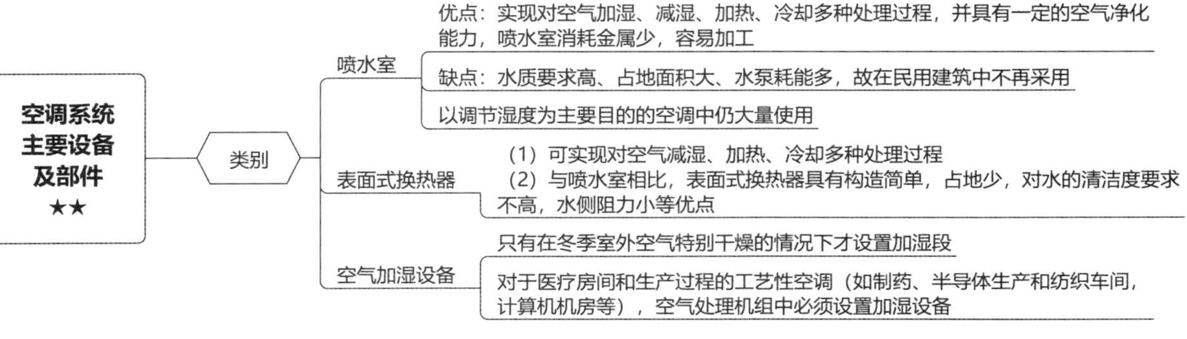
空调系统主要设备及部件★★
类别
喷水室
优点：实现对空气加湿、减湿、加热、冷却多种处理过程，并具有一定的空气净化能力，喷水室消耗金属少，容易加工
缺点：水质要求高、占地面积大、水泵耗能多，故在民用建筑中不再采用
以调节湿度为主要目的的空调中仍大量使用
表面式换热器
（1）可实现对空气减湿、加热、冷却多种处理过程
（2）与喷水室相比，表面式换热器具有构造简单，占地少，对水的清洁度要求不高，水侧阻力小等优点
空气加湿设备
只有在冬季室外空气特别干燥的情况下才设置加湿段
对于医疗房间和生产过程的工艺性空调（如制药、半导体生产和纺织车间，计算机机房等），空气处理机组中必须设置加湿设备

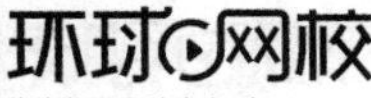
环球网校
移动学习 职达未来 hqwx.com

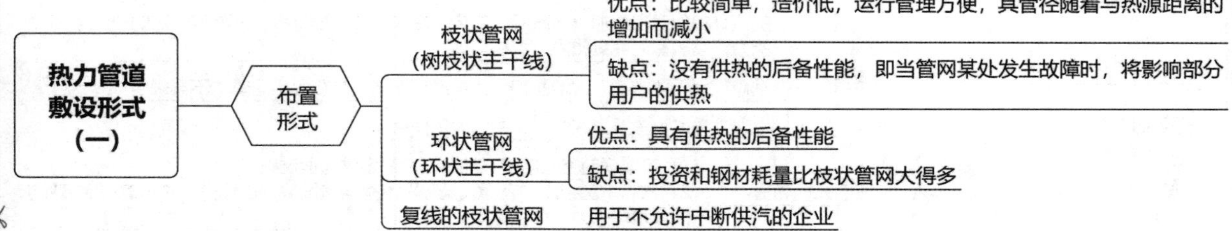
热力管道敷设形式（一）
布置形式
枝状管网（树枝状主干线）
优点：比较简单，造价低，运行管理方便，其管径随着与热源距离的增加而减小
缺点：没有供热的后备性能，即当管网某处发生故障时，将影响部分用户的供热
环状管网（环状主干线）
优点：具有供热的后备性能
缺点：投资和钢材耗量比枝状管网大得多
复线的枝状管网
用于不允许中断供汽的企业

热力管道敷设形式（二）

- 敷设方式
  - 地上敷设
    - 又称架空敷设
      - 优点：便于施工、操作、检查和维修，是一种比较经济的敷设形式
      - 缺点：占地面积大，管道热损失较大
      - 按支架高度不同分
        - 低支架敷设：在不妨碍交通，不影响厂区扩建的地段采用
        - 中支架敷设：在人行频繁，非机动车辆通行的地方采用
        - 高支架敷设：在管道跨越公路或铁路时采用，支架通常采用钢结构或钢筋混凝土结构
    - 地上敷设的管道坡度易于保证，所需的放水、排气设备少，可使用方形补偿器，土方量小，维护管理方便，但占地面积大，管输排水道热损失大，不够美观
  - 地下敷设
    - 地沟敷设：热力管道的地沟按其功用和结构尺寸分通行地沟、半通行地沟和不通行地沟三种敷设形式。如地沟内热力管道的分支处装有阀门、仪表、输排水装置、除污器等附件时，应设置检查井或人孔
    - 直埋敷设：最多采用的方式，是供热管道、保温层和保护外壳三者紧密黏结在一起，形成整体式的预制保温管结构型式

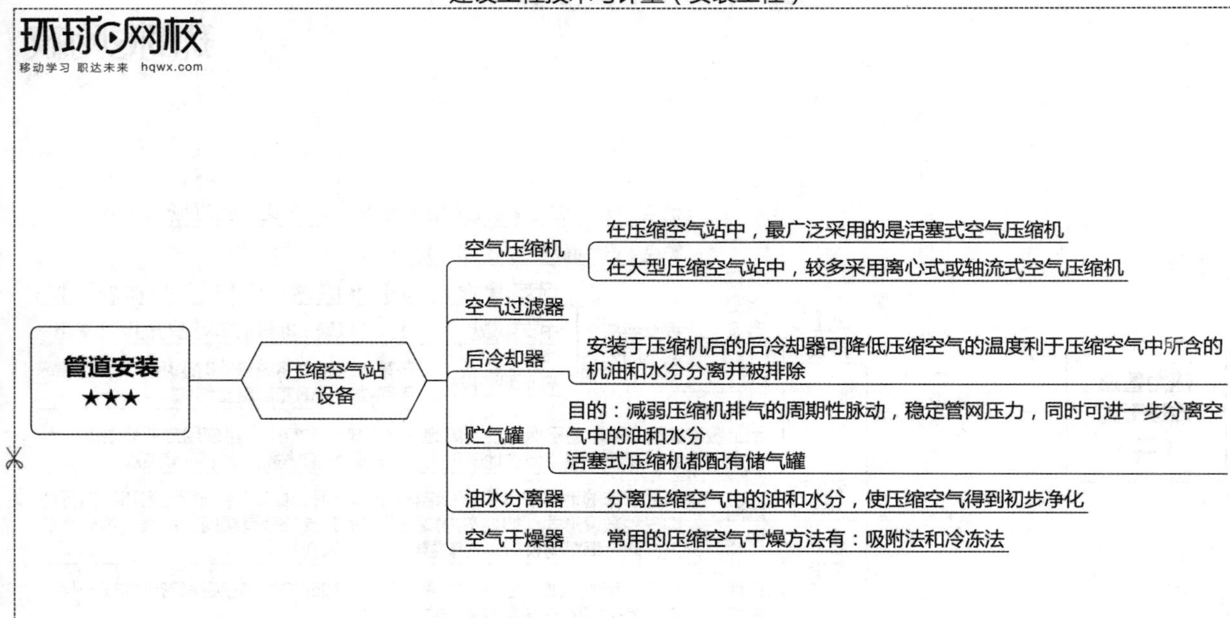
管道安装
★★★
压缩空气站设备
空气压缩机
在压缩空气站中，最广泛采用的是活塞式空气压缩机
在大型压缩空气站中，较多采用离心式或轴流式空气压缩机
空气过滤器
后冷却器
安装于压缩机后的后冷却器可降低压缩空气的温度利于压缩空气中所含的机油和水分分离并被排除
贮气罐
目的：减弱压缩机排气的周期性脉动，稳定管网压力，同时可进一步分离空气中的油和水分
活塞式压缩机都配有储气罐
油水分离器
分离压缩空气中的油和水分，使压缩空气得到初步净化
空气干燥器
常用的压缩空气干燥方法有：吸附法和冷冻法

常用塔器（一）★★★

类别（1）

- 泡罩塔
  - 优点：1）不易发生漏液现象，有较好的操作弹性
    2）塔板不易堵塞，对于各种物料的适应性强
  - 缺点：1）塔板结构复杂，金属耗量大，造价高
    2）限制气速的提高，生产能力不大
    3）板上液流遇到的阻力大，致使液面落差大，气体分布不均，也影响了板效率的提高
- 筛板塔
  - 优点：1）结构简单，金属耗量小，造价低廉
    2）生产能力及板效率较泡罩塔高
  - 缺点：操作弹性范围较窄，小孔筛板易堵塞
- 浮阀塔
  - 优点：生产能力大，操作弹性大，塔板效率高，气体压降及液面落差较小，塔造价较低

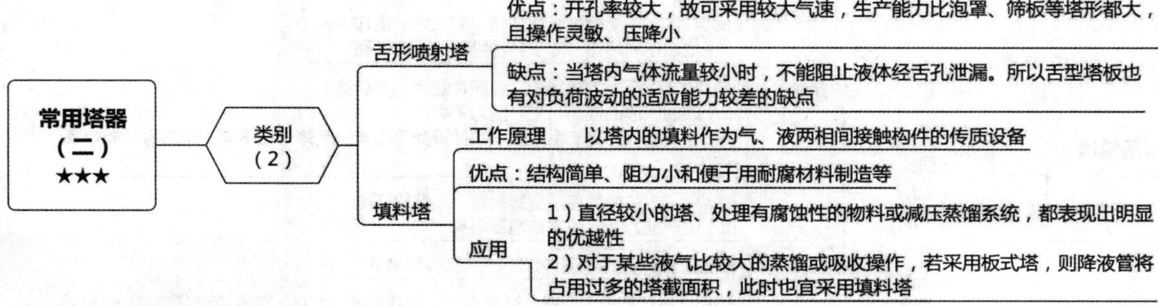
常用塔器（二）★★★
类别（2）
舌形喷射塔
优点：开孔率较大，故可采用较大气速，生产能力比泡罩、筛板等塔形都大，且操作灵敏、压降小
缺点：当塔内气体流量较小时，不能阻止液体经舌孔泄漏。所以舌型塔板也有对负荷波动的适应能力较差的缺点
填料塔
工作原理　以塔内的填料作为气、液两相间接触构件的传质设备
优点：结构简单、阻力小和便于用耐腐材料制造等
应用
1）直径较小的塔、处理有腐蚀性的物料或减压蒸馏系统，都表现出明显的优越性
2）对于某些液气比较大的蒸馏或吸收操作，若采用板式塔，则降液管将占用过多的塔截面积，此时也宜采用填料塔

换热设备

列管式

目前生产中应用最广泛的换热设备

主要优点：

（1）单位体积所具有的传热面积大以及传热效果好，且结构简单、制造的材料范围广、操作弹性较大。因此在高温、高压的大型装置上多采用列管式换热器

（2）根据热补偿方法的不同，列管式换热器有固定管板式热换器、U形管换热器、浮头式换热器和填料函式列管换热器

（3）填料函式列管换热器在一些温差较大、腐蚀严重且需经常更换管束的冷却器中应用较多，其结构较浮头简单，制造方便，易于检修清洗

蛇管式

沉浸式蛇管换热器：对流换热系数较小，总传热系数*K*值小。在容器内加搅拌器或减小管外空间，可提高传热系数

喷淋式蛇管换热器：和沉浸式蛇管换热器相比，便于检修和清洗、传热效果较好，喷淋不易均匀

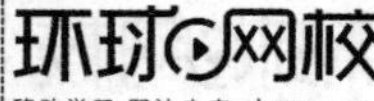

变配电工程（一）★★

类别（1）

变电所工程包括高压配电室、低压配电室、控制室、变压器室、电容器室5部分的电气设备安装工程
高压配电室→接受电力；变压器室→高压电转换成低压电；低压配电室→分配电力；电容器室→提高功率因数；控制室→预告信号

高压变配电设备

- 高压负荷开关
  - 具有明显可见的断开间隙
  - 1）具有简单的灭弧装置，能通断一定的负荷电流和过负荷电流，但不能断开短路电流
    2）用于10kV等级电网
    3）高压负荷开关适用于无油化、不检修、要求频繁操作的场所
  - 与断路器的区别：
    断路器可以切断工作电流和事故电流，负荷开关能切断工作电流，但不能切断事故电流
- 避雷器
  - 氧化锌避雷器优点：1）具有良好的非线性、动作迅速、残压低、通流容量大、无续流、结构简单、可靠性高、耐污能力强等
    2）传统碳化硅阀型避雷器的更新换代产品，在电站及变电所中得到了广泛的应用

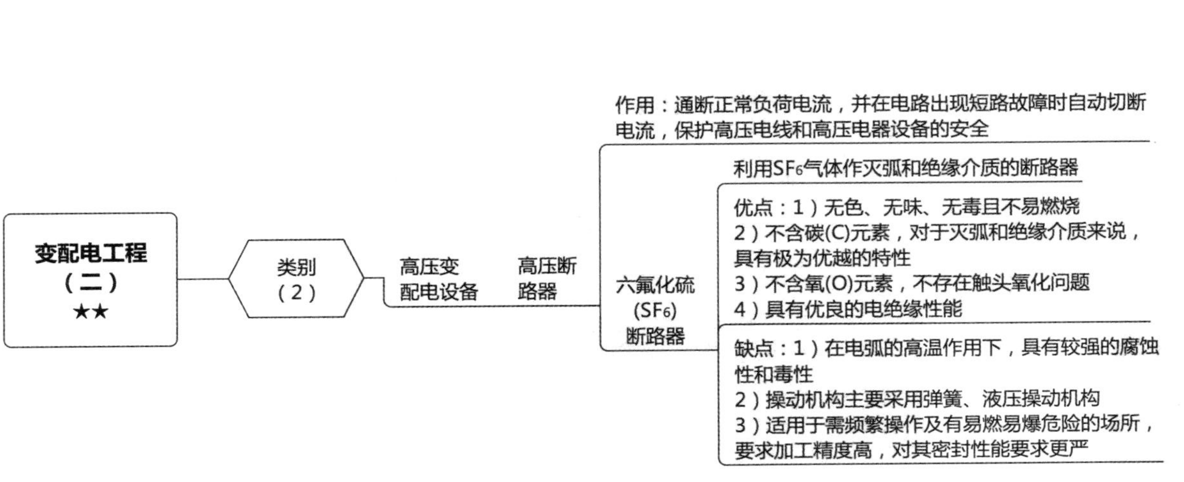
变配电工程
（二）
★★
类别
（2）
高压变
配电设备
高压断
路器
作用：通断正常负荷电流，并在电路出现短路故障时自动切断电流，保护高压电线和高压电器设备的安全
六氟化硫
(SF6)
断路器
利用SF6气体作灭弧和绝缘介质的断路器
优点：1）无色、无味、无毒且不易燃烧
2）不含碳(C)元素，对于灭弧和绝缘介质来说，具有极为优越的特性
3）不含氧(O)元素，不存在触头氧化问题
4）具有优良的电绝缘性能
缺点：1）在电弧的高温作用下，具有较强的腐蚀性和毒性
2）操动机构主要采用弹簧、液压操动机构
3）适用于需频繁操作及有易燃易爆危险的场所，要求加工精度高，对其密封性能要求更严

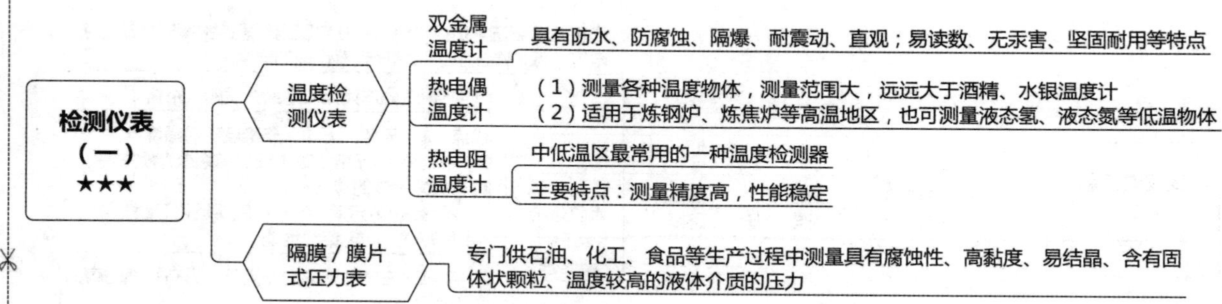
检测仪表
（一）
★★★
温度检
测仪表
双金属
温度计
具有防水、防腐蚀、隔爆、耐震动、直观；易读数、无汞害、坚固耐用等特点
热电偶
温度计
（1）测量各种温度物体，测量范围大，远远大于酒精、水银温度计
（2）适用于炼钢炉、炼焦炉等高温地区，也可测量液态氢、液态氮等低温物体
热电阻
温度计
中低温区最常用的一种温度检测器
主要特点：测量精度高，性能稳定
隔膜／膜片
式压力表
专门供石油、化工、食品等生产过程中测量具有腐蚀性、高黏度、易结晶、含有固体状颗粒、温度较高的液体介质的压力

检测仪表（二）★★★

- 流量仪表
  - 玻璃管转子流量计
    - 适用于空气、氮气、水及与水相似的其他安全流体小流量测量
    - 不适用于有毒性介质及不透明介质
    - 属面积式流量计
  - 电磁流量计
    - (1) 只能测导电液体
    - (2) 不适合测量电磁性物质
    - (3) 测量精度不受介质黏度、密度、温度、导电率变化的影响
    - (4) 无阻流元件，几乎没有压损，属流量式流量计
  - 椭圆齿轮流量计
    - (1) 用于精密的连续或间断的测量管道中液体的流量或瞬时流量
    - (2) 特别适合于高黏度介质流量的测量（重油、聚乙烯醇、树脂）
    - (3) 属容积式流量计
  - 涡轮流量计
    - (1) 适用于黏度较小的洁净流在宽测量范围的高精度测量
    - (2) 耐温耐压范围较广、精度较高，适于计量
    - (3) 变送器体积小，维护容易
    - (4) 轴承易磨损，连续使用周期短
    - (5) 属速度式流量计

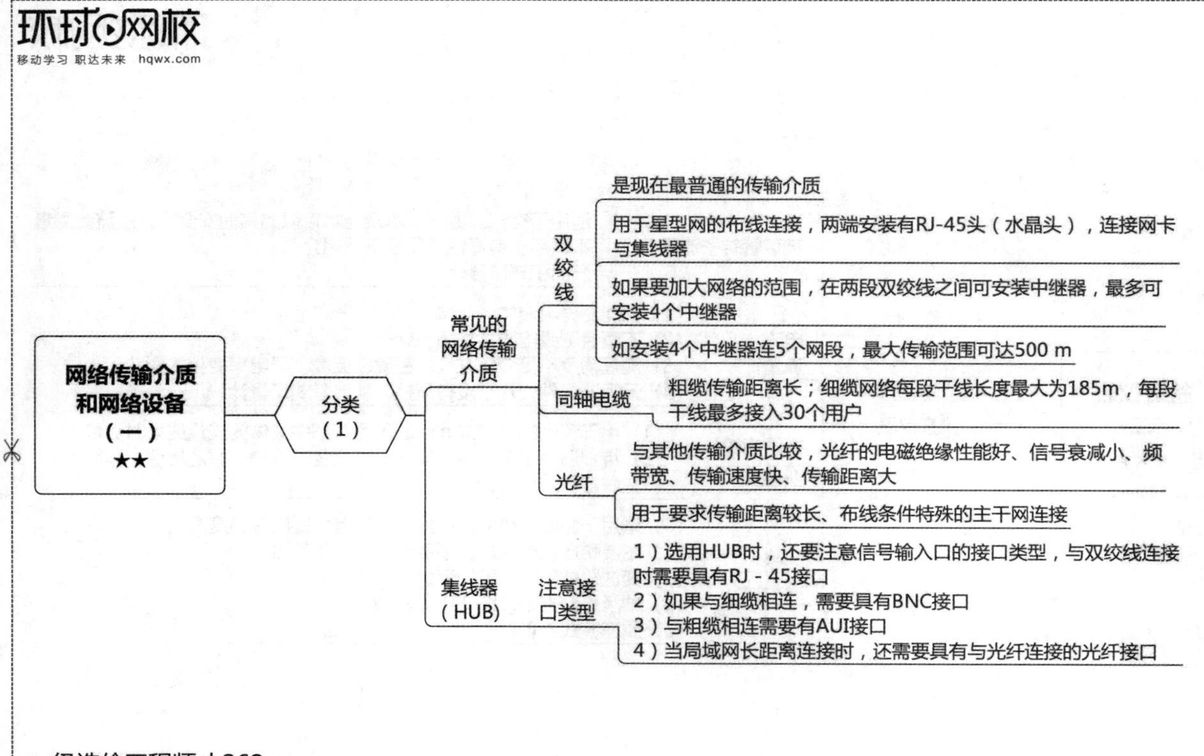
环球网校
移动学习 职达未来 hqwx.com
网络传输介质和网络设备（一）★★
分类（1）
常见的网络传输介质
双绞线
是现在最普通的传输介质
用于星型网的布线连接，两端安装有RJ-45头（水晶头），连接网卡与集线器
如果要加大网络的范围，在两段双绞线之间可安装中继器，最多可安装4个中继器
如安装4个中继器连5个网段，最大传输范围可达500 m
同轴电缆
粗缆传输距离长；细缆网络每段干线长度最大为185m，每段干线最多接入30个用户
光纤
与其他传输介质比较，光纤的电磁绝缘性能好、信号衰减小、频带宽、传输速度快、传输距离大
用于要求传输距离较长、布线条件特殊的主干网连接
集线器（HUB）
注意接口类型
1）选用HUB时，还要注意信号输入口的接口类型，与双绞线连接时需要具有RJ - 45接口
2）如果与细缆相连，需要具有BNC接口
3）与粗缆相连需要有AUI接口
4）当局域网长距离连接时，还需要具有与光纤连接的光纤接口

网络传输介质和网络设备（二）★★

分类（2）

- 网卡及选型
  - 网卡是主机和网络的接口，用于提供与网络之间的物理连接
    一般根据接口总线与传输速率等条件来选择
- 交换机及选型
  - 交换机是网络节点上话务承载装置、交换级、控制和信令设备以及其他功能单元的集合体
- 路由器及选型
  - 路由器(Router)是连接因特网中各局域网、广域网的设备
  - 选择路由器时应注意：
    安全性；控制软件；扩展能力；网管系统； 带电插拔能力
- 网络防火墙及选型
  - 1）防火墙是位于计算机和它所连接的网络之间的软件或硬件。在内部网和外部网之间、专用网与公共网之间界面上构造的保护屏障
    2）防火墙主要由服务访问规则、验证工具、包过滤和应用网关4个部分组成
  - 1）专用防火墙设备是硬件形式的防火墙
    2）包括：过滤路由器是嵌有防火墙固件的路由器，而代理服务器等软件就是软件形式的防火墙

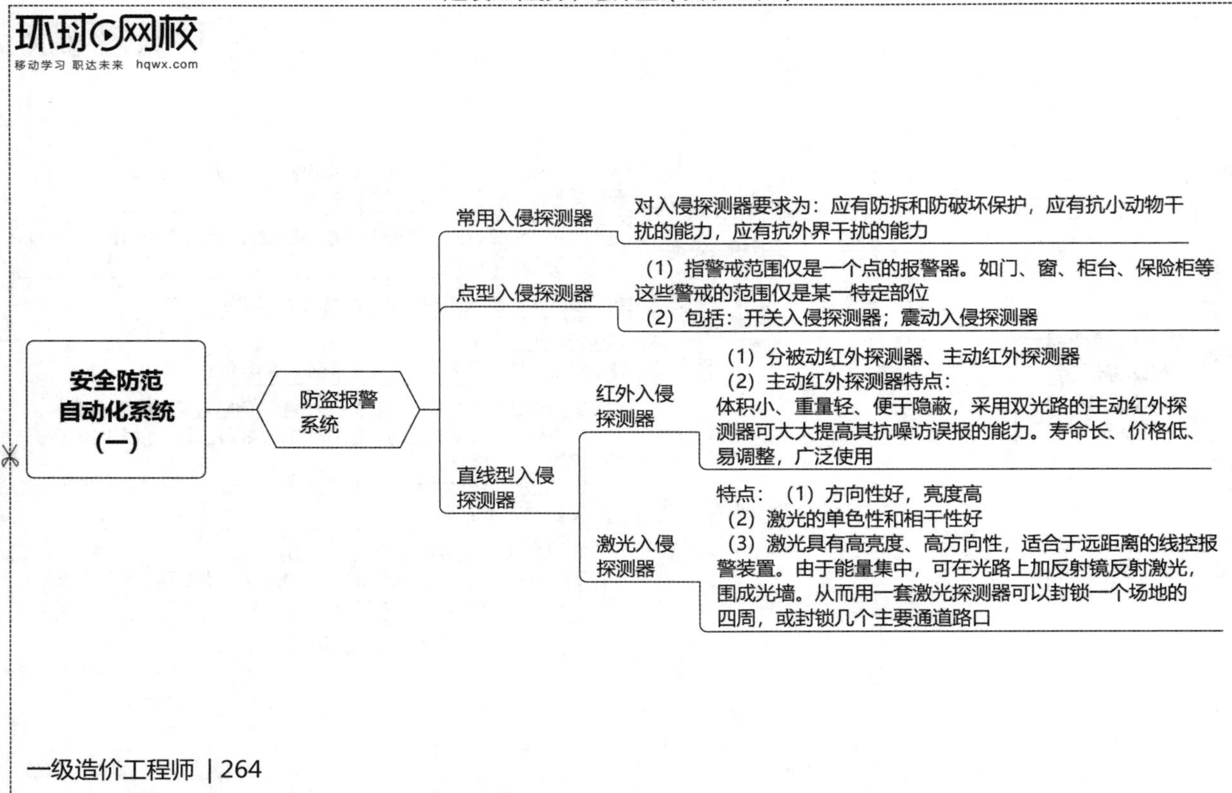
环球网校
移动学习 职达未来 hqwx.com
安全防范自动化系统（一）
防盗报警系统
常用入侵探测器
对入侵探测器要求为：应有防拆和防破坏保护，应有抗小动物干扰的能力，应有抗外界干扰的能力
点型入侵探测器
（1）指警戒范围仅是一个点的报警器。如门、窗、柜台、保险柜等这些警戒的范围仅是某一特定部位
（2）包括：开关入侵探测器；震动入侵探测器
直线型入侵探测器
红外入侵探测器
（1）分被动红外探测器、主动红外探测器
（2）主动红外探测器特点：
体积小、重量轻、便于隐蔽，采用双光路的主动红外探测器可大大提高其抗噪访误报的能力。寿命长、价格低、易调整，广泛使用
激光入侵探测器
特点：（1）方向性好，亮度高
（2）激光的单色性和相干性好
（3）激光具有高亮度、高方向性，适合于远距离的线控报警装置。由于能量集中，可在光路上加反射镜反射激光，围成光墙。从而用一套激光探测器可以封锁一个场地的四周，或封锁几个主要通道路口

安全防范自动化系统（二）

- 电视监控系统
  - 闭路监控的组成：由摄像、传输、控制、图像处理和显示等四个部分组成
  - 闭路监控系统的现场设备：摄像机、云台及防护罩、解码器
  - 闭路监控系统信号传输：
    （1）传输的方式由信号传输距离，控制信号的数量等确定
    （2）当传输距离较近时采用信号直接传输（基带传输），当传输距离较远采用射频、微波或光纤传输等
    - 基带传输：不需要调制、解调，设备花费少，传输距离一般不超过2km
- 出入口控制系统
  - 门禁系统组成：由管理中心设备（控制软件、主控模块、协议转换器、主控模块等）和前端设备（含门禁读卡模块、进 / 出门读卡器、电控锁、门磁开关及出门按钮）组成
  - IC卡芯片：可写入数据与存储数据，根据芯片功能的差别分三类：（1）存储型；（2）逻辑加密型；（3）CPU型